Erfolgreich Aufgaben lösen

Geographie Oberstufe

TERRA

Ernst Klett Verlag
Stuttgart · Leipzig

Operator	**Thema**										**Raum**						
	Bevölkerung	**Stadt und Verstädterung**	**Geoökosysteme**	**Landwirtschaft**	**Industrie und Dienstleistungen**	**Ressourcen und ihre Nutzung**	**Wirtschaft**	**Prozesse und Strukturen der Erdkruste**	**Atmosphärische Prozesse**	**Hydrosphäre**	**Deutschland**	**Europa**	**Asien**	**Afrika**	**Nordamerika**	**Südamerika**	**Welt**
Nennen	B	Ü				Ü		Ü			B	Ü					Ü
Beschreiben	Ü		Ü				Ü	B	Ü			Ü	Ü				Ü
Charakterisieren						Ü			B	Ü	Ü						Ü
Herausarbeiten						Ü	Ü	B			Ü				Ü		
Darstellen								B	Ü		B			Ü			
Ein-Zuordnen	Ü	B							Ü		B	B	Ü				Ü
Erklären	Ü	Ü		Ü				B							Ü	Ü	
Erläutern	Ü	Ü		Ü					B		Ü	B, Ü					
Analysieren	Ü						B				Ü					B	
Vergleichen							Ü		B			B		Ü			
Begründen					B; Ü	Ü					Ü		Ü				
Erstellen	Ü	B, Ü						Ü	Ü								B
Beurteilen		Ü					Ü		B					Ü	B	Ü	
Bewerten			B			Ü	B				B						
Erörtern/ Diskutieren							B; Ü					Ü	B				Ü
Überprüfen							Ü		B		Ü					B	B

B: Beispielaufgabe Ü: Übungsaufgabe

Zur Benutzung des Trainingsheftes

Dieses Trainingsheft ermöglicht Ihnen eine langfristige und zielgerichtete Vorbereitung auf Klausuren und die Abiturprüfung. Im Mittelpunkt steht dabei das Training anhand von Aufgabenbeispielen aus schriftlichen Abiturprüfungen. An ausgewählten Operatoren und Materialien können Sie Ihr Aufgabenverständnis überprüfen und weiterentwickeln. Das reicht vom Erfassen der Anforderungen, die mit dem Operator verbunden sind, bis hin zu weiteren Konkretisierungen, die in der Aufgabenformulierung vorgenommen werden. Sie können mit diesem Heft auch wichtige Arbeitsmethoden und Inhalte des Geographieunterrichts in der gymnasialen Oberstufe wiederholen.

Die Aufgabenbeispiele berücksichtigen ein weites Spektrum an natur- und kulturgeographischen Sachthemen sowie unterschiedliche Räume (siehe Übersicht unter dem Inhaltsverzeichnis). Sie müssen allerdings beachten, dass die Abiturprüfungen in den einzelnen Bundesländern zum Teil Unterschiede aufweisen, weil bestimmte inhaltliche Schwerpunkte gesetzt werden.

Erfolg. Dieses Heft unterstützt Sie beim Aufgabentraining und trägt dazu bei, dass Sie Ihre Leistungen genauer einschätzen und verbessern können. Haben Sie diesen Band gründlich durchgearbeitet, kann eigentlich kaum noch etwas schiefgehen – und die von Ihnen erwarteten oder erhofften Punkte müssten möglich sein!

Training. In Klausuren und bei der schriftlichen oder mündlichen Abiturprüfung werden Aufgaben gestellt, die den Nachweis von Leistungen in unterschiedlichen Niveaustufen erfordern. In den meisten Fällen sind die Aufgaben mit einer Reihe von Materialien verknüpft, die Ihnen aus dem Unterricht vertraut sind: Karte, Diagramm, Tabelle, Text oder Bild. Für jeden Operator werden anhand einer Beispielaufgabe die Anforderungen der Aufgabe sowie die zur Lösung notwendigen Kompetenzen erläutert. Darüber hinaus erhalten Sie Hinweise zur Lösung der Aufgabe und einen Lösungsvorschlag. Am Ende finden Sie Übungsaufgaben zum Training. Ihre Ergebnisse können Sie mit der im Internet angebotenen Beispiellösung vergleichen (Online-Link 104193-0000).

Am Beispiel der Materialien Klimadiagramm (S. 40/41), thematische Karte (S. 42/43) sowie Diagramm und Tabelle (S. 44/45) können Sie trainieren, wie sich die Anforderungen bei einem Material durch die Verwendung verschiedener Operatoren unterscheiden können.

Eine erfolgreiche Bearbeitung von Abituraufgaben können Sie trainieren. Dazu sollen Ihnen die Aufgabenbeispiele und das Klausurbeispiel mit realen Schülerantworten in diesem Heft helfen. Es kann Sie zur Klausurvorbereitung während der gesamten gymnasialen Oberstufe begleiten. Sie können das Heft aber auch zur mittelfristig angelegten Vorbereitung auf die Abiturprüfung komplett durcharbeiten. Vergessen Sie dabei nicht, dass neben Ihren Vorkenntnissen und den bereits erworbenen Kompetenzen auch die Motivation und das Zeitmanagement eine entscheidende Rolle spielen. Setzen Sie sich also realistische Ziele und berücksichtigen Sie Ihre individuellen Stärken und Schwächen.

Wie Sie mit den einzelnen Seiten trainieren können, zeigt Ihnen die untenstehende Übersicht.

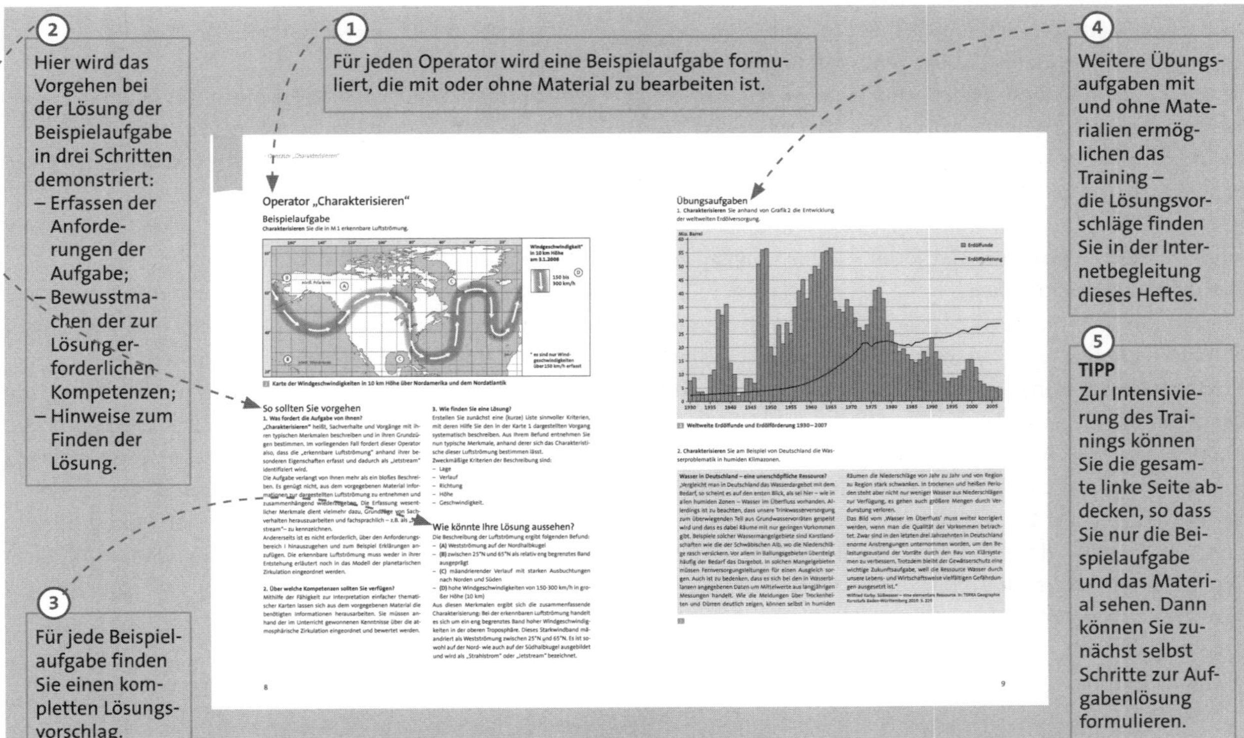

Aufgaben in Klausuren und Abiturprüfungen

Bei einer Klausur oder Abiturprüfung kommt es darauf an, die Anforderungen der gestellten Aufgaben zu erfassen. Besonders wichtig sind dabei die Handlungsanweisungen, die im Prädikat (Operator) zum Ausdruck kommen. Gemäß den Einheitlichen Prüfungsanforderungen (EPA) für Geographie sind Operatoren Bestandteil jeder Prüfungsaufgabe. So können Sie in einer Aufgabe aufgefordert werden, z.B. Auswirkungen der Suburbanisierung zu nennen, zu beschreiben, zu charakterisieren, zu erklären, zu erläutern, zu vergleichen, zu beurteilen, zu bewerten, zu diskutieren oder dazu ein Wirkungsgefüge zu erstellen. Operatoren sagen Ihnen also, welche Tätigkeiten bei der Lösung einer Aufgabe von Ihnen erwartet werden.

Durch einen konsequenten Umgang mit Operatoren können Sie verhindern, dass Sie Aufgabenstellungen falsch verstehen. Sie sollten deshalb die Definitionen der einzelnen Operatoren genau kennen, um in der Prüfungssituation zu wissen, was zu tun ist.

Operatoren spiegeln Anforderungen unterschiedlicher Komplexität wider. Es werden drei Anforderungsbereiche unterschieden, denen Operatoren zugeordnet sind:

Der **Anforderungsbereich I** umfasst die Wiedergabe von Sachverhalten aus einem begrenzten Gebiet und im gelernten Zusammenhang sowie die Verwendung gelernter und geübter Arbeitstechniken und Methoden.

Der **Anforderungsbereich II** erfordert das selbstständige Bearbeiten, Ordnen und Erklären bekannter Sachverhalte sowie das angemessene Anwenden gelernter Inhalte und Methoden auf andere Sachverhalte.

Der **Anforderungsbereich III** erfordert den reflexiven Umgang mit neuen Problemstellungen sowie das selbstständige Anwenden von Methoden mit dem Ziel, zu Begründungen, Deutungen, Wertungen und Beurteilungen zu gelangen.

Die Operatoren sind als formale Formulierungen jedoch nicht immer eindeutig nur einem einzigen Anforderungsbereich zuzuordnen, sie können auch Leistungen aus mehreren Anforderungsbereichen erfordern.

Aufgaben lesen, verstehen und lösen – Zum Umgang mit Klausur- und Abituraufgaben

Sie haben in Ihrer Schulzeit bereits Erfahrungen mit unterschiedlichen Aufgaben gesammelt und dabei sogar bestimmte Herangehensweisen gelernt, die Sie intuitiv anwenden. Versuchen Sie sich dieses Vorgehen einmal bewusst zu machen: Natürlich beginnen Sie mit dem Lesen der Aufgabe, doch wie lange nehmen Sie sich Zeit dafür und was geht Ihnen dabei alles durch den Kopf? Der schlimmste Fehler, den Sie machen können, wäre sofort drauflos zu schreiben!

Wenn Sie gelernt haben, die Aufgaben zu „entschlüsseln" und die Antwort vor dem Aufschreiben zu strukturieren, dann sind Abituraufgaben oft nur noch halb so schwer. Deshalb ist es besonders wichtig, die Aufgabe nicht nur zu lesen, sondern zu analysieren, welche Anforderungen mit der Aufgabenstellung verbunden sind. Orientieren Sie sich dabei an folgenden Aspekten:

- Arbeitsanweisung (Operator): Was wird wie verlangt?
- Inhaltliche Bezüge: Welchen fachlichen Hintergrund hat die Aufgabe?
- Hinweise: Welche Zusatzinformationen enthält die Aufgabe? (z.B. Einbeziehung von Materialien oder Konkretisierungen der Anforderungen)

Dann heißt es: Erst denken, dann schreiben! Sichten Sie die gegebenen Materialien und beziehen Sie ggf. auch den Atlas mit ein. Notieren Sie sich Stichpunkte und überlegen Sie sich eine Gliederung Ihrer Antwort.

Vergessen Sie beim Formulieren der Lösung auf keinen Fall die Anforderungen der Aufgabe – Konzentrieren Sie sich auf das, was die Aufgabe verlangt! Beachten Sie die Fachsprache und Regeln der Grammatik/Rechtschreibung. Lesen Sie am Ende Ihre Antwort noch einmal durch und korrigieren Sie, wenn nötig.

Zum Umgang mit Materialien

1. Beziehen Sie die Materialien entsprechend der Aufgabenstellung in Ihre Antwort ein. Das heißt, eine Komplexanalyse jedes einzelnen Materials, also eine Beschreibung und Deutung jeder erkennbaren Einzelheit in allen Ihnen vorliegenden Materialien ist nur erforderlich, wenn dies ausdrücklich in der Aufgabenstellung verlangt wird. Dies wird jedoch nur äußerst selten der Fall sein. Es ist vielmehr notwendig, entsprechend der Aufgabenstellung auszuwählen.

2. Gehen Sie bei der Auswertung geographischer Materialien in einer eingeübten Schrittfolge vor.

- Orientieren: Was wird wie dargestellt? (Titel, Bezugsraum, Bezugszeitraum, Quelle)
- Beschreiben: Was kann man erkennen? (Strukturen, Prozesse, Regelhaftigkeiten und Ausnahmen)
- Erklären: Welche Ursachen liegen den beschriebenen Sachverhalten zugrunde?
- Beurteilen/Bewerten: Materialkritik (Darstellungsform, Aussageabsicht, Aktualität, Quellenangabe)

Es ist nicht notwendig, alle vier Schritte in der Beantwortung der Aufgabe zu dokumentieren. Hier kommt es wieder darauf an, zu beachten, was die gestellte Aufgabe verlangt.

3. An geeigneten Stellen sollten Sie das Material zitieren, um Beweise für die eigenen Behauptungen anzuführen. Wichtig ist in jedem Fall der Aufgabenbezug, sonst verselbstständigen sich die Ausführungen und bringen am Ende keine Punkte.

4. Die Kunst der Materialauswertung besteht darin, schnell zu den Kernaussagen des Materials vorzudringen, diese mit Fachbegriffen zu belegen und geschickt in die Lösung der Aufgabenstellung einzubinden.

Nun viel Erfolg beim Training mit den Aufgabenbeispielen!

Operator „Nennen“

Beispielaufgabe

Nennen Sie die anhand der Alterspyramide wesentliche Merkmale des Altersaufbaus von Deutschland.

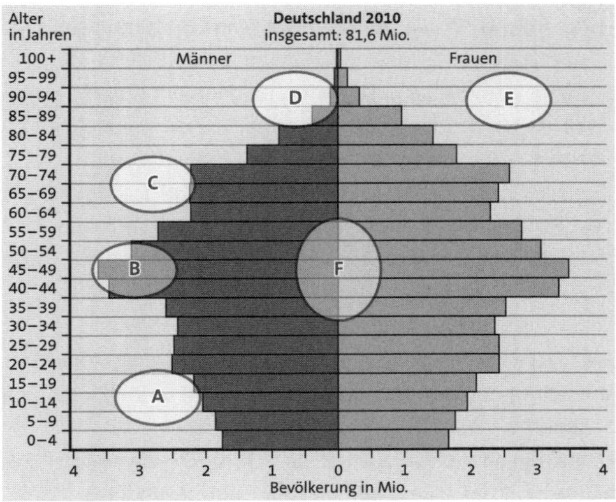

1 **Alterspyramide Deutschland, 2010**

So sollten Sie vorgehen

1. Was fordert die Aufgabe von Ihnen?

„Nennen“ bedeutet, Informationen aus einem vorgegebenen Material unkommentiert zu entnehmen oder Kenntnisse ohne Materialvorgabe anzuführen. Das Formulieren von Fakten oder Ergebnissen angestellter Überlegungen erfolgt dabei ohne Darstellung des Gedankengangs bzw. Lösungsweges sowie ohne Begründungen und Wertungen.

Für die gestellte Beispielaufgabe heißt das, Informationen aus der Alterspyramide zu entnehmen. Diese sollten dann ohne Kommentar in einer mit kurzem Vorspann eingeleiteten Aufzählung angeführt werden. Es wird nicht verlangt, Hintergründe oder Folgen darzustellen.

2. Über welche Kompetenzen sollten Sie verfügen?

Bei der Bearbeitung der vorliegenden Aufgabe muss in erster Linie auf die erworbenen Kompetenzen zur Interpretation von Alterspyramiden zurückgegriffen werden. Dazu gehören auch Kenntnisse zum Aufbau von Alterspyramiden und zur Gliederung der Bevölkerung nach Geschlecht und Erwerbstätigkeit (unter 15 Jahre = Kinder und Jugendliche, Bevölkerung im arbeitsfähigen Alter = 15 bis 64 Jahre und Senioren bzw. Bevölkerung im Rentenalter = 65 Jahre und mehr). Zur Lesekompetenz gehört die entsprechende Beachtung des Jahres, aus dem die Alterspyramide stammt sowie der Einteilung der x-Achse in absoluten oder relativen Zahlen.

3. Wie finden Sie eine Lösung?

Im ersten Schritt muss das Formale geklärt werden: Räumliche und zeitliche Abgrenzung sowie Einteilung der Achsen in Prozent oder in absolute Zahlen (x-Achse) und in Jahres- oder Fünfjahresschritte (y-Achse). Danach müssen Besonderheiten und größere Abweichungen einzelner Alters- oder Geschlechtsgruppen erfasst werden. Am besten markieren Sie sich diese an der Alterspyramide (siehe A bis F in der Alterspyramide und in der Lösung). Es ist auch hilfreich, grob den Anteil folgender Bevöl-kerungsgruppen an der Gesamtbevölkerung zu ermitteln:

- Kinder und Jugendliche (0–14 Jahre),
- erwerbsfähige Personen (15–64 Jahre),
- nicht mehr erwerbstätige Personen (>64 Jahre).

Nachdem Sie alle Merkmale in der Alterspyramide markiert haben, müssen diese stichpunktartig formuliert werden.

Wie könnte Ihre Lösung aussehen?

Der Altersaufbau von Deutschland weist folgende wesentliche Merkmale auf:

- Rückgang des Anteils der Kinder und Jugendlichen (**A**)
- Rückgang des Anteils der Erwerbstätigen in der Altersgruppe 35–40 Jahre (**B**)
- Zunahme des Anteils der Rentner (**C**)
- relativ hoher Anteil von Menschen über 80 Jahre bzw. hohe Lebenserwartung (**D**)
- Frauenüberschuss in den Altersgruppen über 65 Jahre (**E**)
- den größten Anteil an der Gesamtbevölkerung nimmt die Gruppe der Erwerbstätigen ein (ca. 2/3) (**F**)
- geringer Männerüberschuss in den Altersgruppen bis 50 Jahre (**A** bis **B**)
- der Anteil der Rentner ist größer als der Anteil der Kinder und Jugendlichen (**A** und **D**)
- Altersaufbau zeigt eine zunehmende Alterung der Bevölkerung (**A** bis **D**)

Übungsaufgaben

1. **Nennen** Sie Gründe, die trotz hoher Erkundungs- und Förderkosten für die Erdöl- und Erdgasförderung aus der Nordsee sprechen.

2. **Nennen** Sie fünf wesentliche Ursachen für die Suburbanisierung von Städten.

3. **Nennen** Sie die Stadien des plattentektonischen Zyklus (Wilsonzyklus) mit jeweils einem Raumbeispiel.

Operator „Beschreiben“

Beispielaufgabe

Beschreiben Sie die jeweils grundlegenden exogenen Prozesse bei der Entstehung von Sandstein, Kalkstein und Löss.

So sollten Sie vorgehen

1. Was fordert die Aufgabe von Ihnen?

„Beschreiben“ heißt, wesentliche Informationen aus vorgegebenen Material oder aus Kenntnissen zusammenhängend und schlüssig wiedergeben.

Im vorliegenden Beispiel fordert dieser Operator also von Ihnen, dass Sie für die Gesteine Sandstein, Löss und Kalkstein die „grundlegenden exogenen Prozesse“ in strukturierter Form anführen, so dass das Wesentliche ihrer Entstehung deutlich wird. Es geht also nicht darum, dass Sie nur Fakten nennen, sondern Sie müssen sie in einem zusammenhängenden, in sich schlüssigen Text vorstellen. Dabei sollten Sie sich auf wesentliche Prozesse beschränken, ein „Verlieren“ in Details oder Ausnahmen würde die Systematik der Darstellung beeinträchtigen.

Von Ihnen wird aber nicht verlangt, dass Sie Ursachen oder Zusammenhänge erläutern. Sie müssen die Prozesse auch nicht in den Kreislauf der Gesteine einordnen oder die Bindung an den Ursprungsort der Gesteine darstellen.

2. Über welche Kompetenzen sollten Sie verfügen?

Sie sollten die Einteilung der Gesteine nach ihrer Entstehung kennen. Außerdem sind Kenntnisse über exogene Prozesse erforderlich. Dies sollten Sie auf die drei Gesteine mit ihren spezifischen Besonderheiten anwenden können. Eine Voraussetzung ist aber auch, dass Sie strukturierte, zusammenhängende Texte erstellen können, die alle wesentlichen, auf die Aufgabe bezogenen Fakten sinnvoll verknüpfen.

3. Wie finden Sie eine Lösung?

Zunächst sollten Sie sich orientieren, in welche Gesteinsgruppe die Gesteine einzuordnen sind. Im zweiten Schritt müssen Sie erarbeiten, welche exogenen Prozesse der Entstehung von Sedimentgesteinen zugrunde liegen: Verwitterung – Abtragung – Transport – Ablagerung.

In einem folgenden Schritt sollten Sie für jedes der Gesteine konkretisieren:

- Welche Verwitterungsformen sind typisch?
- Wie erfolgen Abtragung und Transport?
- Wo wird das transportierte Material abgelagert?

Hilfreich könnte für Sie hier eine kleine Übersicht sein, die die herausgearbeiteten Fakten ordnet:

Gestein	Sandstein	Kalkstein	Löss
vorausgegangene Verwitterungsform	physikalisch	meist chemisch, mitunter biogen	physikalisch
vorwiegend Transport durch	fließendes Wasser, Wind, Eigengewicht	Wasser	Wind, fließendes Wasser
Sedimentationsort	sowohl Festland als auch Meer	meist im Meer (Ausfällung)	Festland

Sie sollten dann die entsprechenden Fachbegriffe für die Klassifizierung der Gesteine zuordnen: marine und terrestrische Sedimente.

Damit haben Sie für den letzten Schritt, die zusammenhängende, schlüssige Beschreibung, eine gute Grundlage.

Wie könnte Ihre Lösung aussehen?

Bei allen drei Gesteinen handelt es sich um Sedimentgesteine. Vorausgegangen ist also die Verwitterung, bei Löss und Sandstein in erster Linie die physikalische bzw. mechanische Verwitterung. Kalkstein als chemisches Sediment wird meist durch Kohlensäureverwitterung gelöst und später in übersättigten Lösungen ausgefällt, möglich ist auch eine biogene Bildung durch die Ablagerung von Schalenresten, Korallen usw., so dass Muschel- oder Korallenkalk entsteht. Die Sedimentation erfolgt bei Kalkstein meist im Meer, es ist ein marines Sediment.

Löss kann in Flug- und Schwemmlöss unterteilt werden. Der Entstehung von Fluglöss geht die Auswehung von Feinmaterial (Schluff bis Feinsand aus Moränengebieten oder innerkontinentalen Steppen und Wüsten) durch den Wind voraus. Er transportiert und bei nachlassender Transportleistung lagert er den Löss im Vorland der Gebirge oder an natürlichen Hindernissen (Vegetation, Windschatten), also auf dem Land als terrestrisches Sediment ab. Bei Schwemmlöss erfolgen Abtragung, Transport und Ablagerung durch das fließende Wasser in Abhängigkeit von der Fließgeschwindigkeit.

Sandstein wird meist durch Wasser (Niederschläge) und Wind abgetragen. Der Transport erfolgt häufig durch das fließende Wasser ins Meer, so dass marine Sedimente entstehen. Das Gestein kann aber auch durch Wind oder fließendes Wasser auf dem Land umgelagert werden, so dass terrestrische Sedimente entstehen.

Bei allen drei Gesteinen erfolgt die Ablagerung zunächst als Lockersediment. Erst durch die Diagenese, also eine Verfestigung der abgelagerten Schichten, kommt es zur Bildung der Festsedimente Sandstein, Kalkstein, Lössgestein.

Übungsaufgaben

1. M1 zeigt den Altersaufbau ausgewählter Einwanderergruppen in Spanien. **Beschreiben** Sie die grundlegenden Unterschiede.

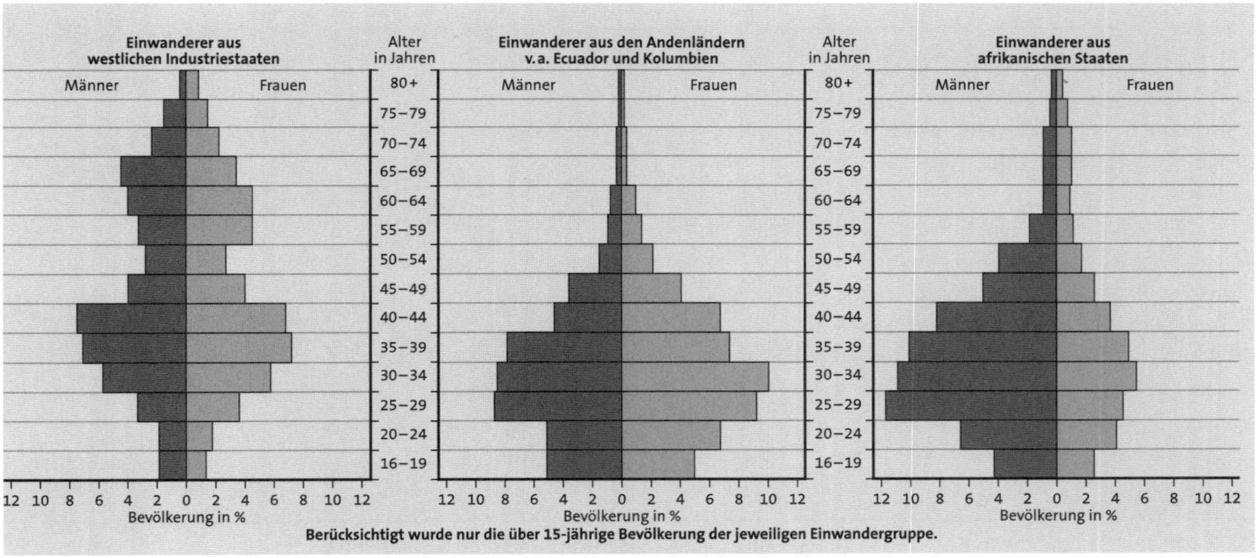

1 **Altersaufbau ausgewählter Einwanderergruppen in Spanien 2006 (Angaben in %)**

2. **Beschreiben** Sie die in M2 erkennbare Entwicklung der Fläche des österreichischen Gletschers Vernagtferner (10°49'O/ 46°52'N).

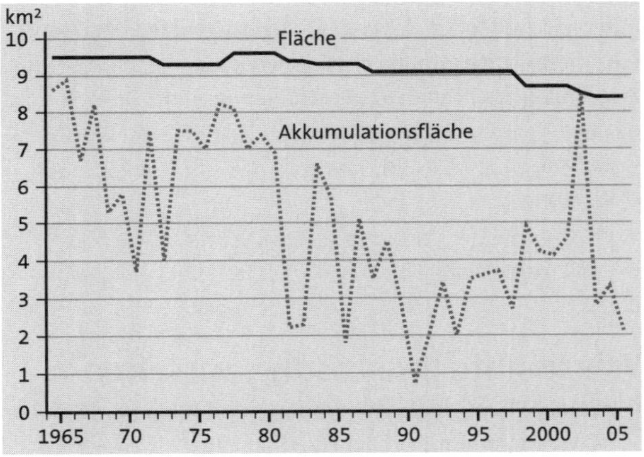

2 **Entwicklung des Gletschers Vernagtferner seit 1965**

3. **Beschreiben** Sie vier wesentliche Veränderungen im Geosystem Wattenmeer, die durch einen raschen Meeresspiegelanstieg hervorgerufen werden.

4. **Beschreiben** Sie die Entwicklung der Roh- und Brennstoffimporte Chinas und deren Auswirkungen auf den globalen Rohstoffmarkt.

	1982	2003
BIP pro Kopf in US-$	290	890
Anteil der Sektoren am BIP (%)		
– Primärer Sektor	31	15
– Sekundärer Sektor	47	51
– Tertiärer Sektor	22	34
Import in Mrd US-$	18,9	412,8
davon in %		
Nahrungsmittel	22,4	0
Rohstoffe	15,5	8,3
Mineralische Brennstoffe	9,5	6,5
Eisen und Stahl	9,3	5,3
Garne, Gewebe	4,4	3,4
Gemischte und Kunststofferzeugnisse	15,2	11,9
Elektrische Maschinen und Teile davon	0	19,3
Nachrichtentechnik, Radio, TV	0	4,7
Büromaschinen	0	5,9
Spezialmaschinen, Fahrzeuge	16,6	5,1
Export in Mrd. US-$	21,9	438,4
davon in %		
Nahrungsmittel	13,4	4,0
Rohstoffe	7,4	0
Mineralische Brennstoffe	23,8	0
Garne, Gewebe	20,9	6,1
Gemischte und Kunststofferzeugnisse	5,4	4,5
Elektrische Maschinen und Teile davon	5,7	9,7
Nachrichtentechnik, Radio, TV	0	10,3
Büromaschinen	0	14,3
Bekleidung	0	11,9
Metallwaren	4,6	3,4
Schuhe	0	3,0

3 **Ausgewählte Daten zur Wirtschaftsstruktur Chinas**

Operator „Charakterisieren“

Beispielaufgabe

Charakterisieren Sie die in M 1 erkennbare Luftströmung.

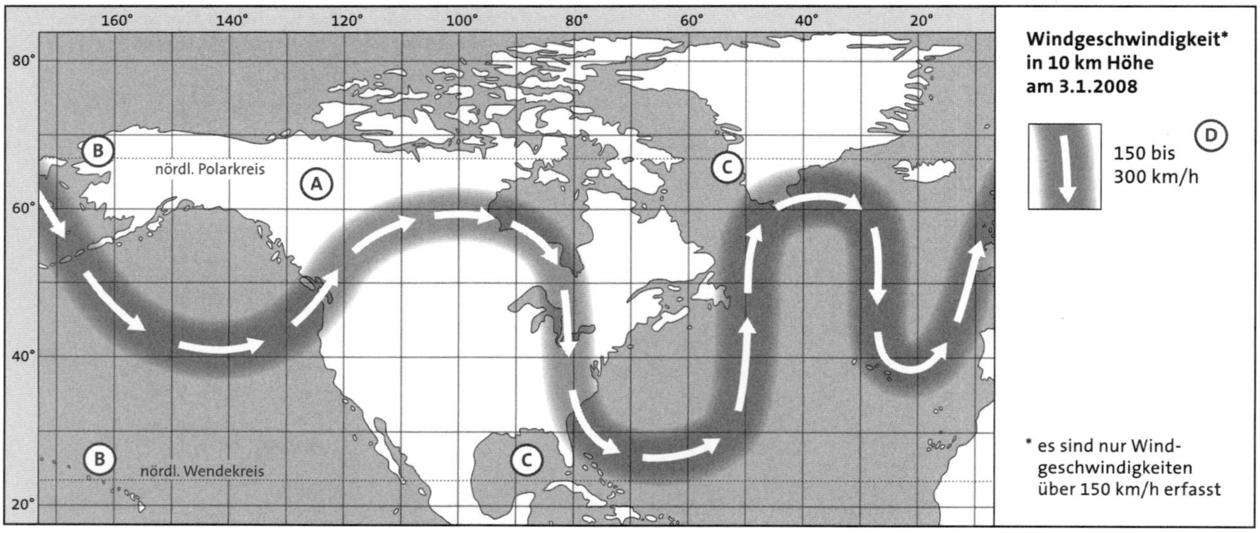

1 Karte der Windgeschwindigkeiten in 10 km Höhe über Nordamerika und dem Nordatlantik

So sollten Sie vorgehen

1. Was fordert die Aufgabe von Ihnen?

„Charakterisieren“ heißt, Sachverhalte und Vorgänge mit ihren typischen Merkmalen beschreiben und in ihren Grundzügen bestimmen. Im vorliegenden Fall fordert dieser Operator also, dass die „erkennbare Luftströmung“ anhand ihrer besonderen Eigenschaften erfasst und dadurch als „Jetstream“ identifiziert wird.

Die Aufgabe verlangt von Ihnen mehr als ein bloßes Beschreiben. Es genügt nicht, aus dem vorgegebenen Material Informationen zur dargestellten Luftströmung zu entnehmen und zusammenhängend wiederzugeben. Die Erfassung wesentlicher Merkmale dient vielmehr dazu, Grundzüge von Sachverhalten herauszuarbeiten und fachsprachlich – z.B. als „Jetstream“– zu kennzeichnen.

Andererseits ist es nicht erforderlich, über den Anforderungsbereich I hinauszugehen und zum Beispiel Erklärungen anzufügen. Die erkennbare Luftströmung muss weder in ihrer Entstehung erläutert noch in das Modell der planetarischen Zirkulation eingeordnet werden.

2. Über welche Kompetenzen sollten Sie verfügen?

Mithilfe der Fähigkeit zur Interpretation einfacher thematischer Karten lassen sich aus dem vorgegebenen Material die benötigten Informationen herausarbeiten. Sie müssen anhand der im Unterricht gewonnenen Kenntnisse über die atmosphärische Zirkulation eingeordnet und bewertet werden.

3. Wie finden Sie eine Lösung?

Erstellen Sie zunächst eine (kurze) Liste sinnvoller Kriterien, mit deren Hilfe Sie den in der Karte 1 dargestellten Vorgang systematisch beschreiben. Aus Ihrem Befund entnehmen Sie nun typische Merkmale, anhand derer sich das Charakteristische dieser Luftströmung bestimmen lässt.

Zweckmäßige Kriterien der Beschreibung sind:

- Lage
- Verlauf
- Richtung
- Höhe
- Geschwindigkeit.

Wie könnte Ihre Lösung aussehen?

Die Beschreibung der Luftströmung ergibt folgenden Befund:

- **(A)** Westströmung auf der Nordhalbkugel
- **(B)** zwischen 25°N und 65°N als relativ eng begrenztes Band ausgeprägt
- **(C)** mäandrierender Verlauf mit starken Ausbuchtungen nach Norden und Süden
- **(D)** hohe Windgeschwindigkeiten von 150-300 km/h in großer Höhe (10 km)

Aus diesen Merkmalen ergibt sich die zusammenfassende Charakterisierung: Bei der erkennbaren Luftströmung handelt es sich um ein eng begrenztes Band hoher Windgeschwindigkeiten in der oberen Troposphäre. Dieses Starkwindband mäandriert als Westströmung zwischen 25°N und 65°N. Es ist sowohl auf der Nord- wie auch auf der Südhalbkugel ausgebildet und wird als „Strahlstrom“ oder „Jetstream“ bezeichnet.

Übungsaufgaben

1. **Charakterisieren** Sie anhand von Grafik 2 die Entwicklung der weltweiten Erdölversorgung.

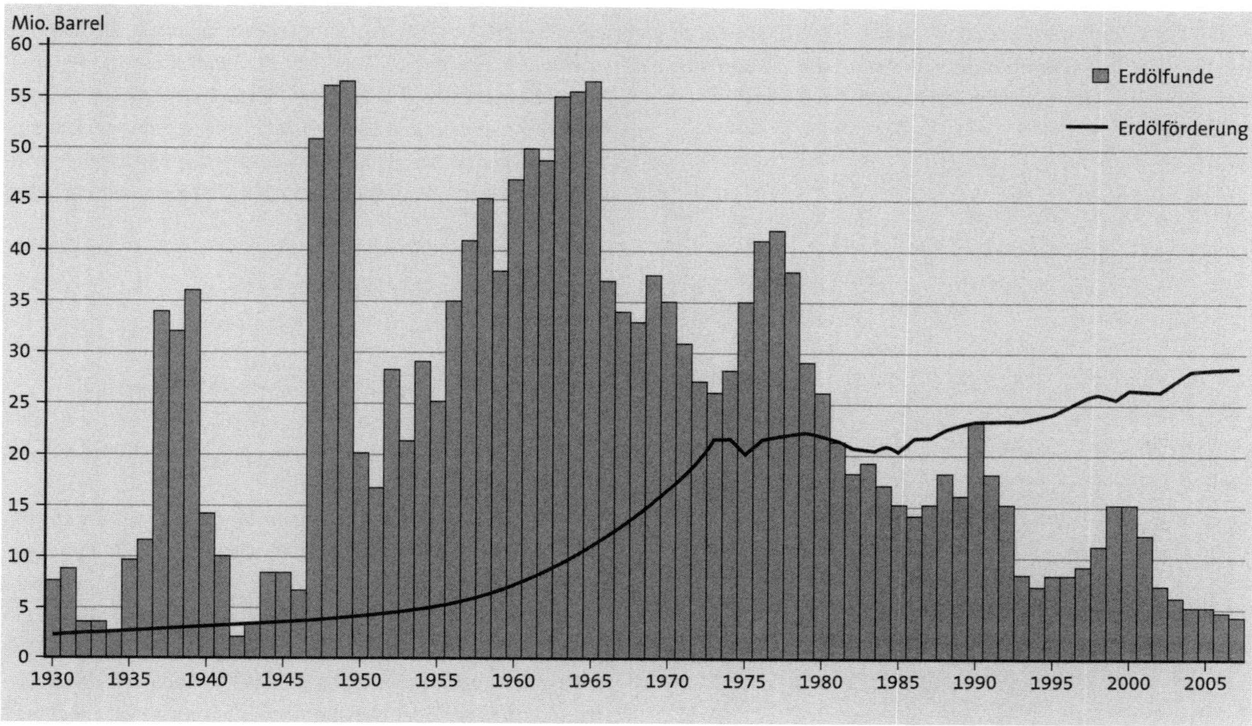

2 **Weltweite Erdölfunde und Erdölförderung 1930–2007**

2. **Charakterisieren** Sie am Beispiel von Deutschland die Wasserproblematik in humiden Klimazonen.

Wasser in Deutschland – eine unerschöpfliche Ressource?

„Vergleicht man in Deutschland das Wasserdargebot mit dem Bedarf, so scheint es auf den ersten Blick, als sei hier – wie in allen humiden Zonen – Wasser im Überfluss vorhanden. Allerdings ist zu beachten, dass unsere Trinkwasserversorgung zum überwiegenden Teil aus Grundwasservorräten gespeist wird und dass es dabei Räume mit nur geringen Vorkommen gibt. Beispiele solcher Wassermangelgebiete sind Karstlandschaften wie die der Schwäbischen Alb, wo die Niederschläge rasch versickern. Vor allem in Ballungsgebieten übersteigt häufig der Bedarf das Dargebot. In solchen Mangelgebieten müssen Fernversorgungsleitungen für einen Ausgleich sorgen. Auch ist zu bedenken, dass es sich bei den in Wasserbilanzen angegebenen Daten um Mittelwerte aus langjährigen Messungen handelt. Wie die Meldungen über Trockenheiten und Dürren deutlich zeigen, können selbst in humiden Räumen die Niederschläge von Jahr zu Jahr und von Region zu Region stark schwanken. In trockenen und heißen Perioden steht aber nicht nur weniger Wasser aus Niederschlägen zur Verfügung, es gehen auch größere Mengen durch Verdunstung verloren.

Das Bild vom ‚Wasser im Überfluss' muss weiter korrigiert werden, wenn man die Qualität der Vorkommen betrachtet. Zwar sind in den letzten drei Jahrzehnten in Deutschland enorme Anstrengungen unternommen worden, um den Belastungszustand der Vorräte durch den Bau von Klärsystemen zu verbessern. Trotzdem bleibt der Gewässerschutz eine wichtige Zukunftsaufgabe, weil die Ressource Wasser durch unsere Lebens- und Wirtschaftsweise vielfältigen Gefährdungen ausgesetzt ist."

Wilfried Korby: Süßwasser – eine elementare Ressource. In: TERRA Geographie Kursstufe Baden-Württemberg 2010. S. 226

3

Operator „Herausarbeiten“

Beispielaufgabe

Arbeiten Sie die Wirkung unterschiedlicher Fließgeschwindigkeiten auf Schluff mit einem Korndurchmesser von 0,01 mm, Sandpartikel mit einem Korndurchmesser von 0,6 mm sowie Kies mit einem Korndurchmesser von 20 mm **heraus**.

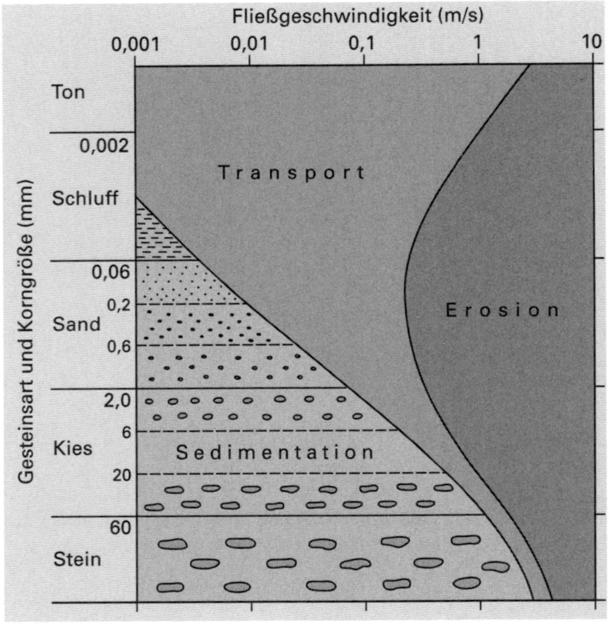

1 Erosion, Transport und Sedimentation in Abhängigkeit von Korngröße und Fließgeschwindigkeit

So sollten Sie vorgehen

1. Was fordert die Aufgabe von Ihnen?

„Herausarbeiten“ verlangt, Informationen und Sachverhalte unter bestimmten Gesichtspunkten aus dem vorgegebenen Material zu entnehmen und wiederzugeben. In diesem Fall erfordert der Operator, die Wirkung der Fließgeschwindigkeit (das ist der leitende Gesichtspunkt) auf verschiedene Materialien mit jeweils unterschiedlichem Durchmesser zu erfassen und darzustellen.

Die Aufgabenstellung verlangt von Ihnen einerseits mehr als „Nennen“. Andererseits ist aber keine Erklärung notwendig. Es muss zum Beispiel nicht erklärt werden, weshalb bei Fließgeschwindigkeiten von mehr als 1m/s fast keine Sedimentation mehr stattfindet.

2. Über welche Kompetenzen sollten Sie verfügen?

Im Unterricht haben Sie gelernt, Informationen aus Diagrammen zu entnehmen und dabei auf die Legende sowie die Beschriftung und Skalierung der Achsen zu achten. Mit ihren erworbenen Kenntnissen können Sie folgende Fachbegriffe anwenden: Korngröße, Ton, Schluff, Sand, Kies, Steine; Sedimentation; Erosion; Fließgeschwindigkeit. Mit diesem Wissen und ihren Kenntnissen über Erosions- und Sedimentationsprozesse sowie den Fähigkeiten zum Lesen von Diagrammen können Sie die Wirkung unterschiedlicher Fließgeschwindigkeiten herausarbeiten.

3. Wie finden Sie eine Lösung?

Lesen Sie sich zunächst in das Diagramm ein und stellen Sie fest, dass

- die beiden Achsen unterschiedlich skaliert sind und
- das Diagramm Angaben zu Erosion, Transport und Sedimentation und zwar in Abhängigkeit von Fließgeschwindigkeit und Korngröße macht.

Im nächsten Schritt ist es sinnvoll, von den in der Aufgabe genannten Korngrößen auszugehen. Dazu legen Sie ein „imaginäres Gitter“ über die Abbildung (ein Lineal als erlaubtes Hilfsmittel wird Ihnen gute Dienste leisten). Lesen Sie dann ausgehend vom jeweiligen Material mit einer bestimmten Korngröße ab, bis zu welcher Fließgeschwindigkeit das Material sedimentiert oder transportiert wird und ab welcher Fließgeschwindigkeit es erosiv wirksam ist.

Wie könnte Ihre Lösung aussehen?

Für die kleinste Korngröße Schluff (0,01 mm) gilt, dass

- bei Fließgeschwindigkeiten von 0,001 bis 1 m pro Sekunde im fließenden Gewässer transportiert wird;
- zur Erosion beiträgt, wenn die Fließgeschwindigkeit 1 m pro Sekunde überschreitet.

Für Sand mit einem Korndurchmesser von 0,6 mm gilt:

- beträgt die Fließgeschwindigkeit bis etwa 0,05 m/s, erfolgt Sedimentation;
- Sand wird transportiert bei Fließgeschwindigkeiten zwischen 0,05 und 0,2 m/s;
- ist die Fließgeschwindigkeit größer als 0,2 m/s, kann Sand erosiv wirken.

Für Kies mit einem Korndurchmesser von 20 mm gilt:

- Sedimentation erfolgt bis zu einer Fließgeschwindigkeit von etwa 0,7 m/s;
- Kies wird bei Fließgeschwindigkeiten zwischen 0,7 und 1 m/s transportiert und
- bei Fließgeschwindigkeiten mit mehr als 1 m/s hat er erodierende Wirkung.

Generell lässt sich sagen, dass die Fließgeschwindigkeit unterschiedlich auf Materialien mit unterschiedlichen Korngrößen wirkt. Folgende Regel lässt sich formulieren: Je größer die Fließgeschwindigkeit ist, desto weniger wird sedimentiert. Das gilt für alle Korngrößen.

Übungsaufgaben

1. **Arbeiten** Sie rechnerisch mithilfe von M 2 **heraus**, wie lange Deutschland, die USA und Kanada ihren Erdölverbrauch mit den eigenen Erdölreserven decken könnten.

	Erdöl-förderung (Barrel/Tag)	**Erdöl-reserven* (Mio. Barrel)**	**Erdöl-verbrauch (Barrel/Tag)**
Welt	8 154 000	1 332 000	81 220 000
Russland	9 980 000	79 400	2 699 000
Kanada	3 425 000	178 600	2 371 000
USA	6 879 000	21 000	20 680 000
Saudi-Arabien	10 400 000	266 800	2 151 000
Deutschland	69 000	360	2 456 000

(1 Barrel = 159 Liter)
* bei Kanada: einschließlich Ölsande

2 Erdöl: Förderung, Reserven und Verbrauch 2007

2. **Arbeiten** Sie aus M 3 grundlegende wirtschaftsgeographische Entwicklungen **heraus**.

	2003	**2005**	**Prognose 2010**	**Prognose 2015**
Land- und Forstwirtschaft, Fleischerei	20 816	20 176	19 000	17 700
Produzierendes Gewerbe	312 969	298 902	274 000	252 100
Energie- u. Wasserversorgung, Bergbau	9 486	9 118	8 300	7 600
Verarbeitendes Gewerbe	245 136	233 273	213 000	197 000
Baugewerbe	58 347	56 511	52 700	47 500
Dienstleistungssektor	1 148 260	1 185 070	1 239 300	1 292 600
Handel, Gastgewerbe	289 228	300 071	307 800	314 500
Verkehr und Nachrichtenübermittlung	73 863	75 552	77 300	79 300
Kreditinstitute, Versicherungsgewerbe	99 998	102 708	109 000	115 500
Unternehmensorientierte Dienstleistungen	261 872	279 289	305 500	330 800
Sonstige private u. öffentl. Dienstleistungen	423 299	427 450	439 700	452 500
Insgesamt	1 482 045	1 504 148	1 532 300	1 562 400

3 Erwerbstätigenentwicklung in der Region München

Operator „Darstellen“

Beispielaufgabe

Mecklenburgs Küsten stellen aus physisch-geographischer Sicht dynamische Räume dar. So hat sich die Gestalt der Insel Hiddensee seit ihrer Entstehung durch unterschiedliche morphologische Prozesse deutlich verändert.

Stellen Sie die Entstehungszusammenhänge zwischen der Steilküste am nördlichen Dornbusch ((1)) und der Küstenform in den Abschnitten (2) und (3) **dar**.

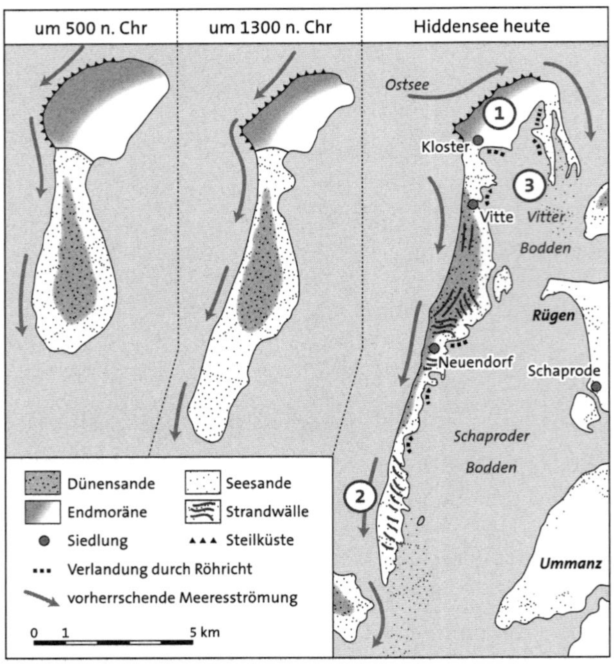

1 Die Entwicklung der Insel Hiddensee in den letzten 1500 Jahren

So sollten Sie vorgehen

1. Was fordert die Aufgabe von Ihnen?

„Darstellen“ heißt, Sachverhalte, Strukturen und Zusammenhänge zu beschreiben und zu verdeutlichen. Bei dieser Aufgabe geht es darum, die Veränderung der Küstenverläufe von 500 n. Ch. bis heute zu beschreiben und diese darzustellen. Damit unterscheidet sich die Aufgabe von einem einfachen Beschreiben oder Herausarbeiten, verlangt aber noch keine umfassenden Erklärungen für die in dem Material dargestellten unterschiedlichen Küstenlinienverläufe.

2. Über welche Kompetenzen sollten Sie verfügen?

Sie haben bereits die Fähigkeit, mit Kartenskizzen zu arbeiten und dabei die Legende zu nutzen. Desweiteren benötigen Sie das Wissen über exogene Veränderungen von Küstenlinien, welches Sie auf die im Material dargestellte Situation anwenden müssen. Dabei müssen die exogenen Prozesse von Abtragung, Transport und Ablagerung beachtet werden. Wichtig ist auch, die im Ergebnis dieser Tätigkeit auftretenden Küstenformen, wie Strandhaken, Nehrung oder Ausgleichsküste in den Kartenskizzen zu erkennen. Mit den genannten Kompetenzen sind Sie in der Lage, für die Strandabschnitte (1) bis (3) die Veränderungen zu beschreiben.

3. Wie finden Sie eine Lösung?

In einem ersten Schritt betrachten Sie, nach der Einordnung Hiddensees in den Ostseeraum, die Veränderungen der Insel von 500 n. Chr. bis heute.

In einem zweiten Schritt stellen sie diese Veränderungen, bezogen auf die Abschnitte (1) bis (3) unter Beachtung des Gellenstroms und des heutigen Strömungsbereiches im Norden der Insel dar.

Wie könnte Ihre Lösung aussehen?

Im Norden (1) kommt es zur Erosion des Endmoränenmaterials durch Brandung an der Steilküste. Aus einer ehemals kleinen breiten wurde eine schmale, langgestreckte Insel mit einer kaum gegliederten Küstenlinie zur offenen See hin. Durch die Meeresströmung wird das feine Material aufgenommen und nach Süden transportiert. Nach der Sedimentation im Süden kommt es zur Ausbildung eines Hakens. Verlängert sich dieser durch Strandversetzung, bildet sich eine Nehrung (2). Der Strandabschnitt zwischen diesen beiden Punkten wird als Ausgleichsküste bezeichnet. Durch Veränderung der Meeresströmung nach 1300 n. Chr. bildet sich ein weiterer Haken im Nordosten. Dabei entstehen zwei Nehrungen im Osten des Inselkerns (3). „Wachsen“ diese mit der Insel Rügen zusammen, bildet sich im Ergebnis ein Strandsee.

Übungsaufgaben

1. In fast allen Staaten im südlichen Afrika geht die Fläche der Savannenwälder in den letzten Jahren durch menschlichen Einfluss stark zurück.
Stellen Sie mithilfe geeigneter Atlaskarten die Ursachen und mögliche Folgen für den Naturraum und die Wirtschaft der betroffenen Gebiete **dar**.

2. „Ein Blick in die Erdgeschichte zeigt, dass das Klima schwankt, seit die Erde existiert. Natürliche Klimaveränderungen verliefen langfristig, in Zeiträumen von über 100 000 Jahren, oder kurzfristig, in Zyklen von 10 bis 100 Jahren."
Stellen Sie die natürlichen Ursachen für Klimaänderungen **dar**.

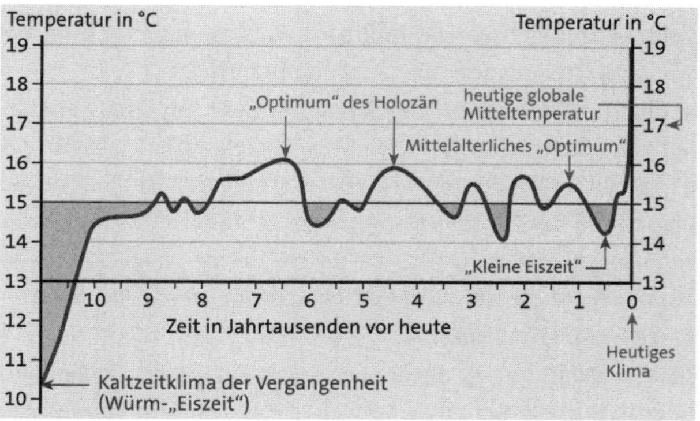

2 **Temperaturveränderung in den letzten 12 000 Jahren**

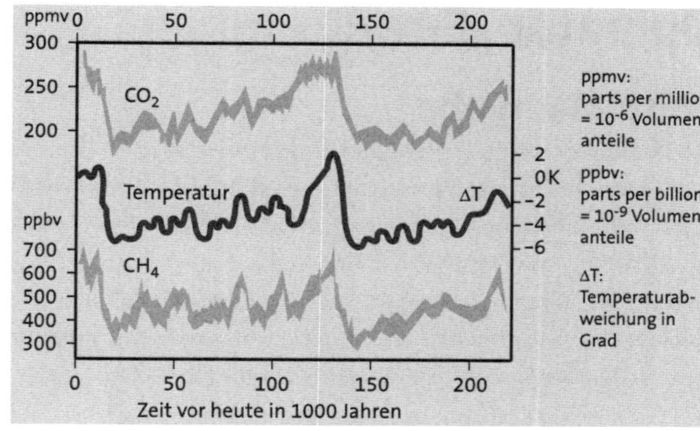

5 **Treibhausgasgehalt und Temperatur**

	CO_2	CH_4	N_2O	FCKW-11
Mittlere Verweilzeit (a)	50–200	12	114	45
Relatives Treibhauspotenzial*	1	23	296	4 600
Beitrag zum anthropogenen Treibhauseffekt**	60	20	6	3

* Relatives molekulkares Treibhauspotenzial gemessen an der Treibhauswirkung von CO2 (=1) über 100 Jahre
** Der Rest entfällt auf andere FCKW sowie auf das troposphärische Ozon.

6 **Charakteristika wichtiger Treibhausgase**

Rekonstruktion von Änderungen der atmosphärischen CO_2-Konzentration

„Für die letzten 400 000 Jahre wurde aber ein bemerkenswerter Gleichlauf von CO_2 und Temperatur im Wechsel von Kalt- und Warmzeiten gefunden. Aus dieser Ähnlichkeit im Verlauf kann aber nicht geschlossen werden, dass CO_2 die Temperaturänderungen antreibt oder umgekehrt. Die atmosphärische CO_2-Konzentration ergibt sich aus der Wechselwirkung zwischen den Kohlenstoffreservoirs der verschiedenen Komponenten im Klimasystem. Diese Wechselwirkung hängt unter anderem von der Temperatur ab, die wiederum – neben zahlreichen anderen Prozessen im Klimasystem – auch über den Treibhauseffekt durch die CO_2-Konzentration bestimmt wird. Als sehr wahrscheinlich gilt, dass die heutige CO_2-Konzentration erheblich höher ist als jemals zuvor in den vergangenen 400 000 Jahren."

Bundesministerium für Bildung und Forschung (BMBF): Temperatur und CO2: Wer hat wen gesteuert?, unter: www.deklim.de/seiten/dek-frame.asp?content=/seiten/dek-oe-faq-de.asp (Zugriff vom 15. 06. 2010)

3

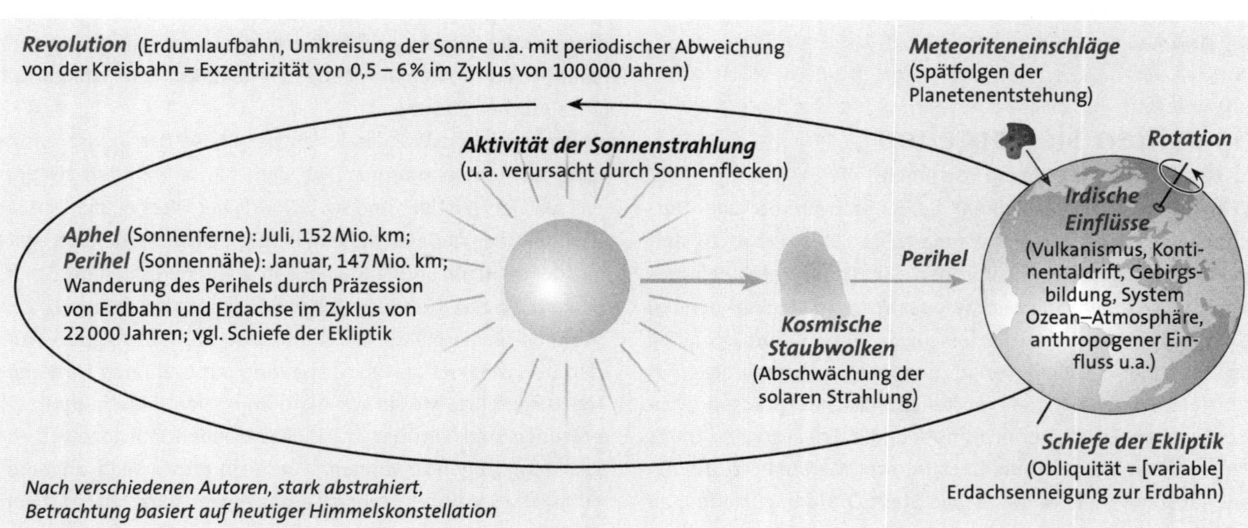

4 **Astronomische Einflüsse auf das Erdklima**

Operator „Ein-/Zuordnen“

Beispielaufgabe

Die Dresdner Neustadt – Entwicklungsprozesse

Die Stadtteile Innere und Äußere Neustadt gehören zur Innenstadt der sächsischen Landeshauptstadt Dresden. Ihre baulichen Strukturen entstanden in unterschiedlichen historischen Zeiträumen. Seit Beginn der 1990er-Jahre befindet sich insbesondere die Dresdner Äußere Neustadt in einem tief greifenden Wandel. Die sozialen und stadtökologischen Veränderungen stellen den Stadtteil vor neue Herausforderungen.

Ordnen Sie die Entstehung der Stadtteile Innere und Äußere Neustadt den Entwicklungsetappen einer mitteleuropäischen Stadt begründet **zu**.

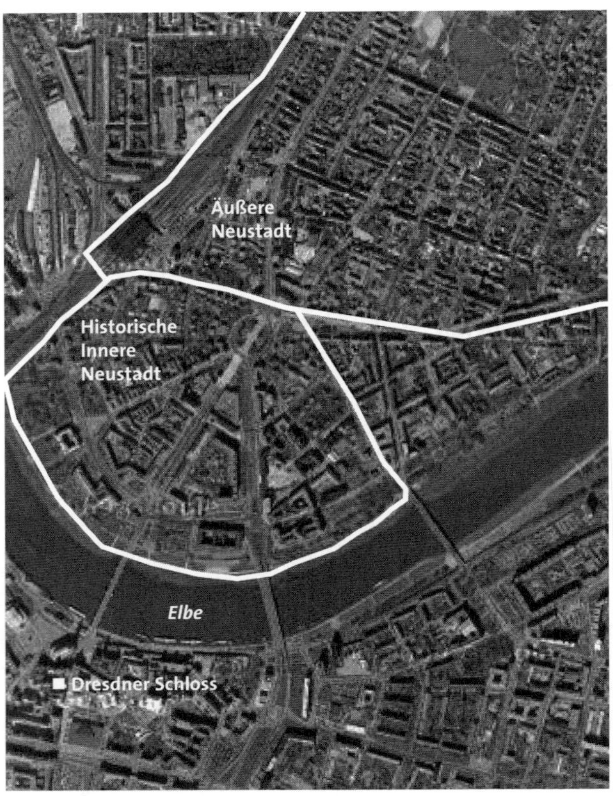

1 **Dresdner Neustadt**

So sollten Sie vorgehen

1. Was fordert die Aufgabe von Ihnen?

„Einordnen“ oder **„Zuordnen“** heißt, Sachverhalte oder Vorgänge begründet in einen vorgegebenen Sachverhalt zu stellen oder in ein Raster einzuordnen. Die Grundlage der Einordnung sind die dem Sachverhalt oder Vorgang innewohnenden Gemeinsamkeiten und Unterschiede zum Ordnungsraster. Das Ein- oder Zuordnen verlangt dabei mehr, als nur die städtebaulichen Merkmalen mitteleuropäischer Stadtepochen darzustellen. Es ist aber nicht notwendig, Erklärungen für das Vorhandensein oder Fehlen bestimmter Merkmale zu finden oder Besonderheiten, die für die Stadt Dresden zutreffen, zu erläutern.

2. Über welche Kompetenzen sollten Sie verfügen?

Bei der vorliegenden Aufgabe sollten Sie die Stadtteile der Dresdner Neustadt anhand des Stadtgrundrisses mit den städtebaulichen Merkmalen mitteleuropäischer Stadtepochen vergleichen und die Stadtgebiete Innere und Äußere Neustadt begründet der jeweiligen Epoche zuordnen. Dazu benötigen Sie neben dem Wissen über die mitteleuropäische Stadtentwicklung die Fähigkeit zum Lesen und Auswerten von Luftbildern.

3. Wie finden Sie eine Lösung?

Nachdem die Stadtteile in Dresden eingeordnet sind, erfassen Sie in einem ersten Schritt mithilfe des Luftbildes die für das jeweilige Stadtgebiet wesentlichen Strukturmerkmale. Dabei werden die Anlage des Straßennetzes, die Bebauungsstruktur, weitere infrastrukturelle Anlagen und besondere Räume sowie bauliche Anlagen und Gebäude betrachtet.

In einem zweiten Schritt gleichen Sie diese mit den Merkmalen der städtebaulichen Epochen Mitteleuropas ab. Ausgegangen wird dabei von der mittelalterlichen Stadt über die Planstädte der Neuzeit bis hin zu den Städten des Industriezeitalters. Sie können auch die Entwicklungen nach 1945, wie zum Beispiel die der sozialistischen Stadt, in die Betrachtungen einfließen lassen.

Abschließend erfolgt die Zuordnung mit den entsprechenden Begründungen. Bei einer kritischen Betrachtung können Sie auch Abweichungen vom Idealbild einfließen lassen.

Wie könnte Ihre Lösung aussehen?

Die Innere Neustadt lässt sich der Phase der absolutistischen Stadterweiterung zuordnen. Die weitgehend unumschränkte Herrschaft des barocken Adels prägte die Entwicklung des Grund- und Aufrisses der Städte. So zeigt beispielsweise das Straßennetz der Inneren Neustadt, ausgehend von einem zentralen Platz im Norden des Stadtgebietes, eine strahlenförmige Anlage. Die Ausrichtung der Hauptallee auf das Schloss oder die planvolle Anlage der einzelnen Sektoren zwischen den Straßenzügen kann dafür als Beleg herangezogen werden. Abweichend von einer idealtypischen barocken Residenzstadt bestand in Dresden die Aufgabe des Straßennetzes in der Hinführung zum baulich und funktional wichtigsten Komplex, dem Schloss, auf der südlichen Elbseite.

Die Äußere Neustadt lässt sich der Phase der Industrialisierung in Sachsen zuordnen: Ab dem 18. Jahrhundert begann ein sozialer, geistiger und wirtschaftlicher Wandel, der sich im Stadtbild der Äußeren Neustadt zeigt. Neue Produktionsstätten der Industrie entstanden in den Außenbereichen der Stadt. Es kam zu einer fortschreitenden funktionalen Trennung von Wohnen und Arbeiten. Die Wohnungen für die Arbeiter wurden überwiegend als Blockbebauung mit mehreren Hinterhöfen ausgeführt, wie sie vor allem im oberen Bildausschnitt zu erkennen sind. Um den stark einsetzenden Individualverkehr Rechnung tragen zu können, wurde ein rechtwinklig angeordnetes Straßensystem errichtet, das einem schachbrettartigen Grundriss ähnelt. Besonders prägend für das Stadtbild war die

Anlage des Bahnhofes und der Eisenbahntrasse. Sie lagen am Rand der Blockbebauung, wie im Bild am nordwestlichen Rand erkennbar.
Durch die Zerstörungen im Zweiten Weltkrieg und den danach einsetzenden Wiederaufbau wurden die Stadtstrukturen Dresdens zum Teil stark überbaut.

Übungsaufgaben

1. Klimaklassifikationen fassen Gebiete mit ähnlichen klimatischen Gegebenheiten zu Klimazonen zusammen.
Ordnen Sie die Klimastationen I und II einem Klimahaupttyp nach der effektiven Klimaklassifikation begründet **zu**. Nutzen sie dafür eine Klimakarte von Köppen und Geiger aus dem Atlas.

	Station I		Station II	
Monat	**°C**	**mm**	**°C**	**mm**
Januar	2,1	9	11,1	82
Februar	4,1	13	12,2	92
März	8,5	21	12,9	73
April	13,9	22	14,0	27
Mai	18,7	52	15,2	4
Juni	23,5	86	16,9	1
Juli	25,8	6	18,6	1
August	25,0	75	19,3	3
September	20,6	44	18,8	11
Oktober	15,0	26	16,8	13
November	8,2	14	13,7	52
Dezember	2,7	8	11,3	56
Jahr	14,0	434	15,1	415

2 Klimastationen

2. **Ordnen** Sie die Provinzen A, B und C dem autonomen Gebiet Tibet (Xizang), Shanghai und der Insel Hainan begründet **zu**.

	Geschlechterverhältnis		Sterberate	natürliches Bevölkerungswachstum	Lebenserwartung	durchschnittliche Haushaltsgröße	Anteil der Personen mit Hauptwohnsitz in einer anderen Provinz
	Frauen	Männer	pro 1000 Einwohner	in %	in Jahren (für 2000)	in Personen	in %
Provinz A	100	101	6,08	0,096	78	2,65	39,8
Provinz B	100	98	7,15	1,079	64	5,03	4,0
Provinz C	100	110	5,72	0,893	73	3,84	11,8

3 Ausgewählte demografische Daten dreier Provinzen der Volksrepublik China (2005)

Operator „Erklären“

Beispielaufgabe

Erklären Sie Zusammenhänge zwischen dem unterschiedlichen Alter der ozeanischen Kruste im Pazifik entlang 30° südlicher Breite und den Ursachen für Erdbeben und Vulkanismus im Großraum Santiago.

Alter der ozeanischen Kruste im Pazifik entlang 30° südlicher Breite														
westliche Länge	140°		130°		120°		110°		100°		90°		80°	
Alter der Gesteine (Mio. Jahre)		46–35		35–20		20–0		0–20		20–33		33–40		

1

So sollten Sie vorgehen

1. Was fordert die Aufgabe von Ihnen?

„Erklären“ heißt, Informationen und Sachverhalte (z.B. Erscheinungen, Entwicklungen) durch eigenes Wissen und eigene Einsichten so darzustellen, dass Bedingungen, Ursachen, Folgen und Gesetzmäßigkeiten verständlich werden. Das bedeutet also, dass die Informationen in einen Zusammenhang (z.B. Theorie, Modell, Gesetz, Regel, Funktionszusammenhang) zu stellen sind.

Die vorliegende Aufgabe zielt direkt auf einen Zusammenhang zwischen dem unterschiedlichen Alter der ozeanischen Kruste und den Ursachen für Erdbeben und Vulkanismus im Großraum Santiago. Hieraus wird ersichtlich, dass ein Bezug zur Theorie der Plattentektonik hergestellt werden muss. Damit verlangt die Aufgabe mehr als beschreiben, aber keine umfassende Darstellung der Plattentektonik.

2. Über welche Kompetenzen sollten Sie verfügen?

Zur Lösung der Aufgabe sind Kenntnisse über die Plattentektonik, vor allem die Prozesse der Meeresbodenausbreitung und Subduktion sowie das Entstehen von Erdbeben und Vulkanismus an Plattengrenzen, erforderlich. Dieses Wissen muss natürlich anwendungsfähig sein, das heißt, Sie müssen ihre Kenntnisse zur Plattentektonik auf das in der Aufgabe gegebene Raumbeispiel übertragen können. Darüber hinaus sind Fähigkeiten zum Lesen von Tabellen sowie zur räumlichen Orientierung mit dem Atlas erforderlich.

3. Wie finden Sie eine Lösung?

Bei der Bearbeitung der Aufgabe ist es notwendig, sich mit geeigneten Atlaskarten zuerst einen räumlichen Überblick zur Lage des Großraums Santiago und der ozeanischen Kruste in M1 zu verschaffen.

In einem zweiten Schritt müssen Überlegungen zu den Ursachen für das unterschiedliche Alter der ozeanischen Kruste und zu den Ursachen für Erdbeben und Vulkanismus im Großraum Santiago angestellt werden. Danach ist zu prüfen, welcher Zusammenhang zwischen beiden Ursachenkomplexen besteht. Das bedeutet aber nicht, allgemeine Aussagen der Plattentektonik darzulegen, sondern sich auf die Bewegung der Nazca-Platte mit ihren Auswirkungen zu konzentrieren.

Im Sinne des „Erklärens“ müssen die Zusammenhänge so dargestellt werden, dass zunächst Ursachen für das unterschiedliche Alter der ozeanischen Kruste und für Erdbeben und Vulkanismus im Großraum Santiago formuliert werden. Daran anschließend müssen beide Ursachenkomplexe miteinander verknüpft werden.

Wie könnte Ihre Lösung aussehen?

Das unterschiedliche Alter der ozeanischen Kruste ist das Ergebnis der Öffnung des Ostpazifischen Rückens. Mit zunehmender Entfernung vom Rücken wird die ozeanische Kruste älter. Erdbeben und Vulkanismus im Großraum Santiago sind eine Folge der Subduktion der Nazca-Platte unter die Südamerikanische Platte. Im Zuge der Subduktion bauen sich in der Kruste Spannungen auf und es bilden sich Magmaherde. Bei der Subduktion entstehen auch Verwerfungen, in denen Magma oder Gase nach oben steigen. Die Öffnung des Ostpazifischen Rückens muss in direktem Zusammenhang mit der Subduktion der Nazca-Platte gesehen werden. Insofern besteht ein unmittelbarer Zusammenhang zwischen dem unterschiedlichen Alter der ozeanischen Kruste und den Ursachen für Erdbeben und Vulkanismus im Großraum Santiago.

Ostpazifischer Rücken

Alter der ozeanischen Kruste im Pazifik entlang 30° südlicher Breite														
westliche Länge	140°		130°		120°		110°		100°		90°		80°	
Alter der Gesteine (Mio. Jahre)		46–35		35–20		20–0		0–20		20–33		33–40		

Alter der Kruste nimmt zu ←

Öffnungsprozess

→ Alter der Kruste nimmt zu

2 **Hinweise zum Material**

Exkurs: Erklären und Erläutern – Wo liegt der Unterschied?
Bei der Anwendung der Operatoren „Erklären" und „Erläutern" besteht die Gefahr, dass diese gleichgesetzt werden. In der Diskussion über die Inhalte bzw. Zielrichtungen beider Operatoren existieren in der Praxis unterschiedliche Auffassungen! Zur Unterscheidung soll folgende Orientierung helfen:

Erklären erfordert immer, einen Sachverhalt in einen Begründungszusammenhang zu stellen; etwas kausal schlussfolgernd herleiten.

Erläutern verlangt immer, einen Sachverhalt zu verdeutlichen bzw. verständlich machen und mithilfe zusätzlicher Informationen zu veranschaulichen.

Der Operator „Erläutern" geht damit über das „Erklären" hinaus, denn er fordert zusätzlich eine Beschreibung.

Stellen Sie sich vor, Sie haben jemanden etwas richtig erklärt, aber derjenige hat es nicht verstanden. Dann müssen Sie den Sachverhalt noch einmal erläutern, also durch zusätzliche Informationen und Beispiele veranschaulichen.

Übungsaufgaben

1. Trotz der üppigen natürlichen Vegetation gelten die Böden des tropischen Regenwaldes als grundsätzlich ungeeignet für langfristigen intensiven Getreideanbau.
Erklären Sie diesen scheinbaren Gegensatz!

2. **Erklären** Sie die in M 3 und M 4 abgebildete Entwicklung der Bevölkerungszahl und des Verstädterungsgrades in Nord- und Lateinamerika zwischen 1950 und 2000!

Die Projektionen der United Nations zur Entwicklung der Weltbevölkerung 2050

„Ausgangspunkt der Projektionen für 2050 ist die geschätzte Bevölkerung aller einzelnen Länder zum 01. Juli 2010. Grundlage dieser Schätzung sind die jeweils aktuellsten statistischen Erhebungen in den einzelnen Ländern, soweit verfügbar.

Um die Bevölkerung 2050 vorherzusagen, verwenden die United Nations Annahmen hinsichtlich der zukünftigen Trends der Geburtenrate, Sterberate und der internationalen Migration. Da hier deutliche Unsicherheiten bestehen, werden jeweils acht plausible Varianten durchgerechnet.

Die in M 3 abgebildete ‚Mittlere Variante' geht davon aus, dass der weltweite Durchschnitt der Geburtenrate (‚Gesamtfertilitätsrate') bis 2045 linear auf 1,85 Kinder pro Frau zurückgeht (2010: weltweit 2,8 Kinder pro Frau). Die Sterblichkeitsrate soll sich in dieser Variante ‚normal' entwickeln, das heißt die aktuellen langfristigen Trends setzen sich linear fort. Für 58 Länder, die besonders stark von AIDS betroffen sind, wurde ein gesonderter, verlangsamter Rückgang der Sterbequote zu Grunde gelegt. Weiter geht die ‚Mittlere Variante' von einer die bisherigen Trends fortsetzenden ‚normalen' internationalen Migration aus."

Bayerisches Staatsministerium für Unterricht und Kultus: Musterabiturprüfung 2011. Geographie, Aufgabenbeispiel V; Seite 3

4

	Bevölkerung in Tausend				Verstädterung in %			
	1950	1975	2000	2050*	1950	1975	2000	2050*
Europa	547460	676207	726568	691048	51,2	65,7	71,4	83,8
Afrika	227270	418765	819462	1998466	14,5	25,7	35,9	61,8
Nordamerika	171615	242360	318654	448464	63,9	73,8	79,1	90,2
Lateinamerika	167307	323323	521228	729184	41,4	61,1	75,3	88,7
Welt	2529346	4061317	6115367	9149984	29,1	37,3	46,6	69,6

* Die Daten für 2050 stellen Projektionen („Mittlere Varianten") der United Nations World Population Prospects und Urbanization Prospects 2007/2008 dar.

3 **Bevölkerungsentwicklung und Verstädterung**

Operator „Erläutern“

Beispielaufgabe

Erläutern Sie auf der Grundlage des Land-Seewind-Systems die Windverhältnisse beim Touristenort Jantarnij im Gebiet der russischen Exklave Kaliningrad (M1).

So sollten Sie vorgehen

1. Was fordert die Aufgabe von Ihnen?

„Erläutern“ heißt, Sachverhalte im Zusammenhang und in anschaulicher Form unter Nutzung von Beispielen zu beschreiben und Beziehungen zu erklären.

Für die gestellte Aufgabe bedeutet das, Zusammenhänge zwischen den Windverhältnissen im Material 1 und dem Land-Seewind-System herzustellen. Es geht also um mehr als nur das Beschreiben der Windverhältnisse im Touristenort Jantarnij. Es müssen vielmehr umfassende Zusatzinformationen gegeben werden, um die Windverhältnisse durch Bezüge zum Land-Seewind-System zu verdeutlichen. Es ist jedoch nicht erforderlich, das Land-Seewind-System an sich zu erläutern oder eine eigene Wertung zu formulieren.

2. Über welche Kompetenzen sollten Sie verfügen?

Die Lösung dieser Aufgabe setzt sichere Kenntnisse zur Entstehung und Wirkung des Land-Seewind-Systems aus dem vorangegangenen Unterricht voraus. Außerdem benötigen Sie Fähigkeiten zum Auswerten von Diagrammen. Im gegebenen Beispiel müssen Sie die Einteilung der Achsen sowie die Symbole der Legende in ihrer Zuordnung zur x-Achse erfassen können.

Es geht bei der Aufgabe also darum, einen geographischen Sachverhalt (Windverhältnisse in einem Touristenort) auf der Grundlage erworbener Kenntnisse bzw. einer Materialanalyse so darzustellen, dass der fachliche Gehalt sachlich richtig vorgetragen und die Zusammenhänge einsichtig gemacht werden. Das heißt, Sie müssen Ihre Kenntnisse zum Land-Seewind-System auf das Beispiel in M 1 übertragen können.

3. Wie finden Sie eine Lösung?

Am Anfang sollte zunächst die Lage des Ortes an der Ostseeküste geklärt werden. Im nächsten Schritt müssen die Windverhältnisse im angegebenen Tagesabschnitt (5 – 14 Uhr) erfasst und beschrieben werden. Die in der y-Achse eingetragenen Werte der Lufttemperatur sind für die Beantwortung der Aufgabe nicht relevant.

Es bietet sich an, für jede Veränderung der Windverhältnisse mithilfe der Kenntnisse zum Land-Seewind-System nach einer Erklärung zu suchen (siehe Anmerkungen A bis D am Material). Dabei kann es hilfreich sein, sich zunächst noch einmal das Land-Seewind-System mithilfe einer Skizze (auf Konzeptpapier) bewusst zu machen.

Die Erklärung der Windrichtungen gelingt mit Bezugnahme auf die Lage des Ortes.

Wie könnte Ihre Lösung aussehen?

Bis 6 Uhr morgens herrscht Ostwind mit Stärke 1 vor (A). Ursache dafür ist der nächtliche Landwind, der sich aufgrund eines thermischen Bodentiefs über wärmerem Wasser und eines thermischen Bodenhochs über dem kühleren Land eingestellt hat.

Die Windstille von 6 bis 10 Uhr (B) ist die Folge ausgeglichener Luftdruckverhältnisse. Durch die nach Sonnenaufgang einsetzende Erwärmung des Festlandes verringern sich die Luftdruckunterschiede zum Meer, was mit einem Nachlassen des nächtlichen Ostwindes (Landwindes) verbunden ist.

Nach 10 Uhr stellt sich Westwind der Stärke 4 ein (C), der gegen 12 Uhr zunimmt und die Windstärke 5 erreicht (D).

Ursache dafür ist eine Umkehr der Druckverhältnisse. Die zunehmende Erwärmung des Festlandes am Vormittag führt zum Aufstieg der erwärmten Luft, die in der Höhe entsprechend des Druckgefälles Richtung Meer abströmt. Dadurch bildet sich am Boden ein Tiefdruckgebiet aus. Über den kühleren Wasserflächen herrscht dagegen ein Bodenhoch, so dass ein Seewind (Westwind) entsteht. Das Auffrischen des Windes zur Stärke 5 resultiert aus einer Verstärkung der Luftdruckunterschiede.

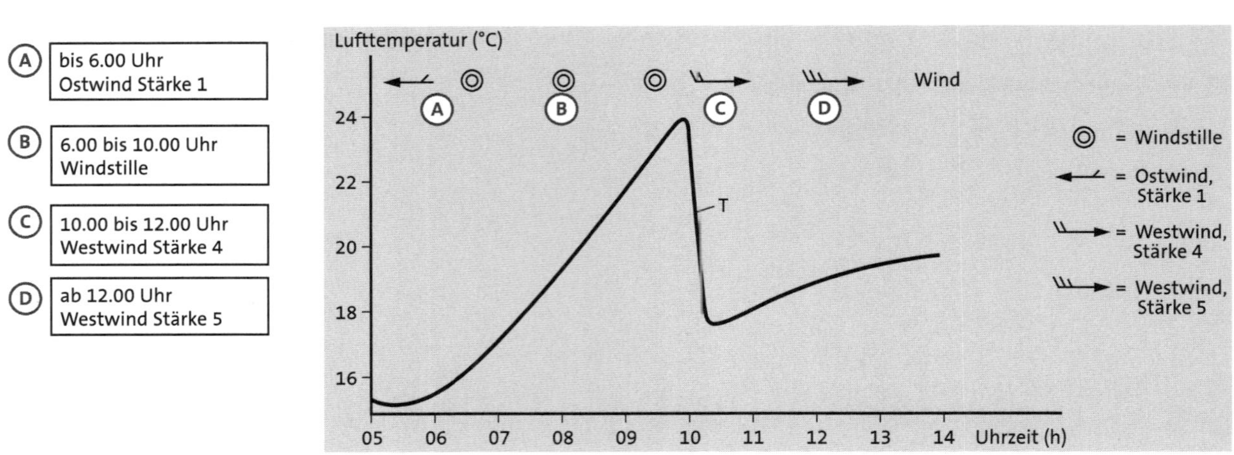

1 Windverhältnisse am Strand von Jantarnij an einem typischen Sommertag

Übungsaufgaben

1. Wie in Mitteleuropa unterliegt auch die Landwirtschaft in Italien einem tief greifenden Strukturwandel. **Erläutern** Sie anhand der Tabelle M 3 diesen Strukturwandel in der italienischen Landwirtschaft.

	1990	1995	2000	2005
Landwirtschaftliche Betriebe (in 1 000)	2 664	2 482	2 154	1 729
Betriebe < 5 ha (in 1 000)	2 099	1 938	1 638	1 272
Betriebsinhaber unter 35 Jahren (in 1 000)	138	110	89	56
Arbeitskräfte (in 1 000)	1 924	1 818	1 365	1 374
Landwirtschaftlich genutzte Fläche (1 000 ha)	16 324	14 332	13 062	12 708
Anbaufläche unter Glas (1 000 ha)	26	29	36	42
Betriebe mit ökologischem Landbau (in 1 000)	4	35	48	50
Ökologische Anbaufläche (1 000 ha)	18	225	624	732

2 Ausgewählte Strukturdaten der Landwirtschaft in Italien (1990–2005)

3. **Erläutern** Sie Zusammenhänge zwischen Schulbildung und generativem Verhalten.

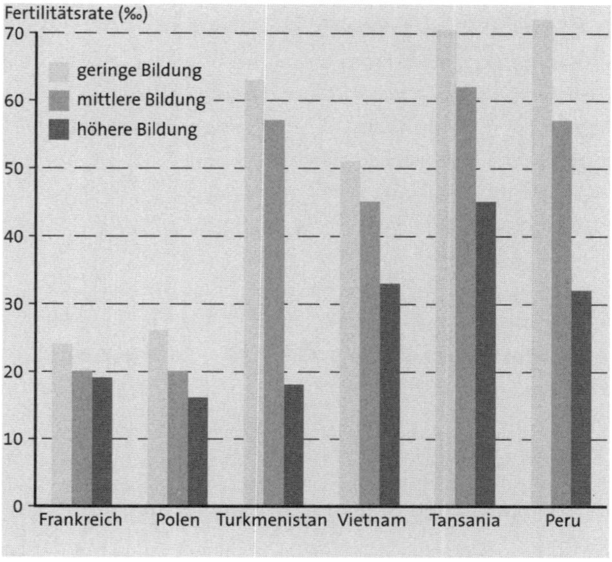

4 Kinderzahl in Abhängigkeit vom Bildungsgrad für ausgewählte Länder

2. **Erläutern** Sie anhand der Grafik M 3 Unterschiede in der Suburbanisierung zwischen den alten und neuen Bundesländern.

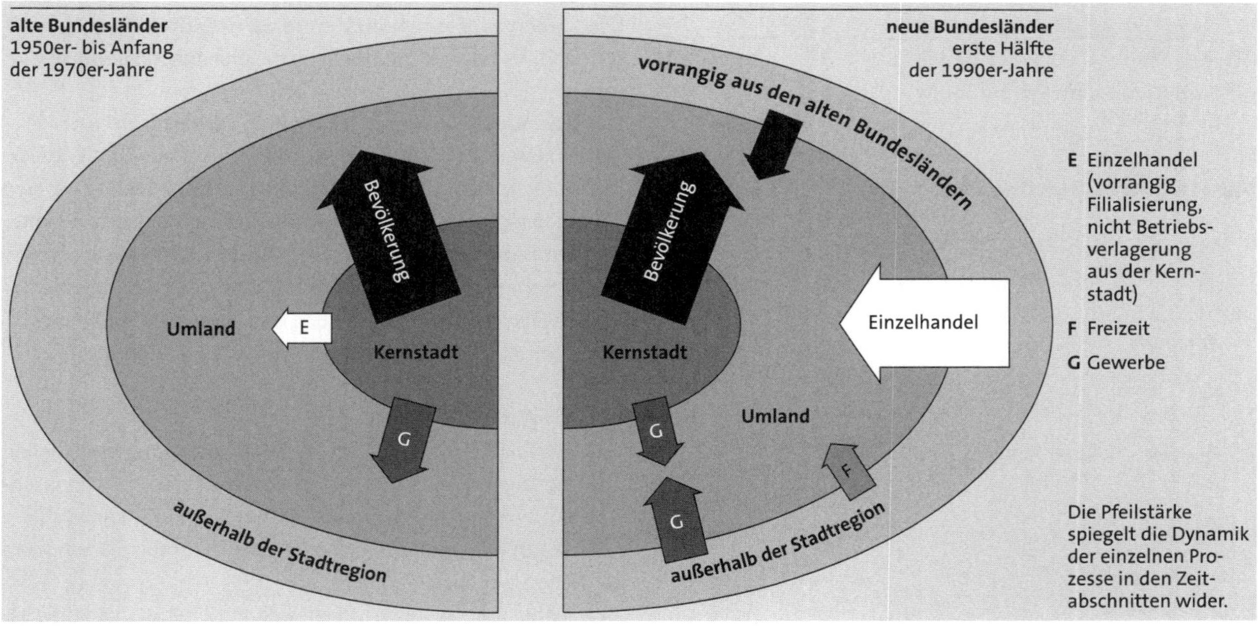

3 Suburbanisierungsprozesse in Deutschland

Operator „Analysieren“

Beispielaufgabe

Analysieren Sie – ausgehend von M 1 bis M 4 – die wirtschaftliche Situation Chiles.

	Staatsunternehmen	Privatunternehmen	gesamt
1995	1165	1324	2489
1997	1231	2161	3392
1999	1403	5884	4391
2001	1592	3147	4739
2003	1563	3342	4905
2005	1730	3591	5321
2007	1665	3895	5561
2008	1548	4052 (B)	5600 (A)

1 Produktion von Kupfer in Chile 1995–2008 (in 1000 t)

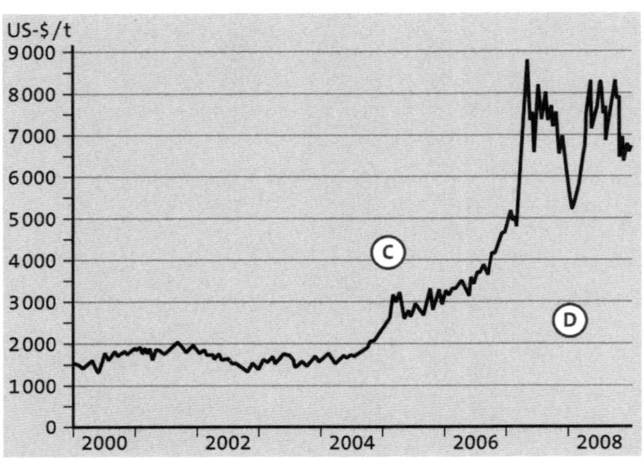

2 Kupferpreise in US-$ pro Tonne

Ausgewählte Wirtschaftsdaten		
	2001 (E)	2007
BIP gesamt	70,5 Mrd. US-$	116,1 Mrd. US-$
BIP pro Kopf der Bevölkerung	4590 US-$	10034 US-$ Vergleich: Peru: 3886 US-$ Polen: 13823 US-$

Wirtschaftssektoren (2007)			
	I	II	III
BIP-Anteil	(F) 6,0 %	(G) 49,3 %	44,7 %
Arbeitskräfte	13,6 %	23,4 %	63,0 %

(Sektor II = Bergbau, Industrie, produzierendes Gewerbe)

3

Import: 46 966 Mio. US-$		Export: 68 296 Mio. US-$ (H)	
davon in %		davon in %	
Erdöl	18,36	Kupfer (I)	36,8
Maschinen	13,0	Kupfererz	27,6
Chemische Erzeugnisse	10,0	Nahrungsmittel	14,9
Fahrzeuge	9,8	Molybdän	4,0
Nachrichtentechnik/EDV	6,5	Chemische Erzeugnisse	3,5
Nahrungsmittel	5,9	Eisen	1,2
Eisen und Stahl	2,7	Sonstige	12,0
Bekleidung	2,6		
Sonstige	30,9		

4 Einfuhr- und Ausfuhrgüter (2007)

So sollten Sie vorgehen

1. Was fordert die Aufgabe von Ihnen?

„Analysieren“ heißt, Materialien und Sachverhalte systematisch und gezielt untersuchen und Beziehungen herstellen. Im vorliegenden Fall fordert der Operator von Ihnen, dass Sie mithilfe der unterschiedlichen Materialien zielgerichtet die Informationen erfassen, die die wirtschaftliche Entwicklung Chiles kennzeichnen. Diese Informationen müssen Sie sinnvoll verknüpfen. Es geht nicht darum, alle Daten umfassend zu verarbeiten. Sie müssen vielmehr auswählen. Zur Beantwortung der Frage reicht es aber nicht, die Aussagen einfach nur zu nennen. Der Operator fordert aber auch kein Erörtern der wirtschaftlichen Entwicklung Chiles oder eine Beurteilung der erkennbaren Prozesse.

2. Über welche Kompetenzen sollten Sie verfügen?

Sie müssen die Indikatoren kennen, mit denen die Entwicklung der Wirtschaft eines Landes untersucht werden kann und diese Kenntnisse anwenden können. Es sind außerdem Fähigkeiten zum Auswerten von Diagrammen und Tabellen sowie zum systematischen Erfassen der erforderlichen Informationen notwendig. Sie sollten auch herausgearbeitete Informationen strukturieren und sinnvoll verknüpfen können.

3. Wie finden Sie eine Lösung?

Zur Lösung der Aufgabe stehen ein Diagramm sowie Tabellen zur Verfügung. In einem ersten Schritt sollten Sie sich orientieren, welche Informationen enthalten sind. Kennzeichnen Sie in den Materialien, welche Daten nicht brauchbar sind und welche Sie nutzen wollen.

Im Sinne eines systematischen und gezielten Vorgehens sollten Sie dann abwägen, welche Materialien besonders wichtige Informationen enthalten. Hier sind das in M 3 Aussagen zum BIP und zu den Wirtschaftssektoren sowie in M 4 die Informationen zur Außenhandelsbilanz.

Allerdings muss berücksichtigt werden, dass nur beim BIP die Entwicklung dargestellt ist, ansonsten die Situation des Jahres 2007. Daher sollten Sie nun die wesentlichen Aussagen der Materialien M 1 und M 2 zur Kupferproduktion nutzen, um auf die Entwicklung im Sekundären Sektor, in der Exportstruktur und in der Handelsbilanz schlussfolgern zu können.

Wie könnte Ihre Lösung aussehen?

Folgende Daten müssen also in der Lösung einfließen:

A Gesamtproduktion von Kupfer nahezu verdoppelt;
B Zunahme vor allem im Bereich der Privatunternehmen (>3-faches);
C 2004 – 2006 erster Anstieg des Preises von <2 000 US-$ auf >3 000 US-$ pro Tonne;
D seit Jahresbeginn 2007 Preis zwischen 5 000 und 9 000 US-$ pro Tonne schwankend;
E BIP absolut in sechs Jahren auf das 2½-fache gestiegen, BIP/Kopf verdoppelt;
F Anteil des primären Sektors am BIP niedrig, aber doppelt so hoher Arbeitskräfte-Bedarf;
G Sekundärer Sektor produziert mit ¼ der Arbeitskräfte 50% des BIP;
H deutlicher Exportüberschuss;
I Exportstruktur einseitig auf Rohstoff orientiert.

Es empfiehlt sich daher, die Informationen A bis I in folgender Reihenfolge zu betrachten und in Beziehung zu setzen: E – F – G – A – B – H – I – C – D.

Ihre herausgearbeiteten Ergebnisse stellen Sie dann in einem strukturierten Text dar:

Das BIP/Kopf hat sich bei Chile seit 2001 mehr als verdoppelt, so dass das Land 2007 bezüglich der Wirtschaftsleistung als Schwellenland bzw. als Industrieland auf niedrigem Niveau eingeordnet werden kann. Der Primäre Sektor ist dafür nicht so entscheidend, da hier 13 % der Arbeitskräfte nur 6 % des BIP erwirtschaften. Dem gegenüber ist die hohe Produktivität des Sekundären Sektors zu erkennen, so dass die Kupferproduktion von 1995 bis 2008 auf mehr als das Doppelte gesteigert wurde. Dabei kommen 70 % aus Privatunternehmen, während der Anteil aus Staatsunternehmen nur gering zunimmt. Die Außenhandelsbilanz ist sehr positiv. Da die Bergbauprodukte 70 % des Exportvolumens ausmachen und der Kupferpreis sich seit 2004 verfünffacht hat, ist diese positive Außenhandelsbilanz sicher vor allem auf die Gewinne des Kupferbergbaus zurückzuführen.

Bei Importen ist eine starke Ausrichtung auf Investitionsgüter und Treibstoffe zu beobachten, die Wirtschaft Chiles ist also immer noch monostrukturiert. Insbesondere die einseitige Ausrichtung der Exportstruktur auf Bergbau (64 % Anteil) und Nahrungsmittel (15 % Anteil) ist kritisch zu beurteilen, da der Preis für Kupfer und allgemein für Grundstoffe sehr stark schwankt und so ein hohes Risiko durch Abhängigkeiten vom Weltmarkt besteht.

Insgesamt kann aber von einer sehr positiven wirtschaftlichen Entwicklung Chiles gesprochen werden.

Übungsaufgabe

1. **Analysieren** Sie die Bevölkerungsentwicklung und die Veränderungen der Bevölkerungsstruktur der Dresdner Äußeren Neustadt seit 1989.

1990	1994	1998	2002	2006
10 000 EW.	9 500 EW.	9 000 EW.	11 500 EW.	14 000 EW.

5 Einwohnerentwicklung Dresdner Äußere Neustadt

1990	1994	1998	2002	2006
7 %	12 %	50 %	84 %	93 %

6 Sanierung und Neubau

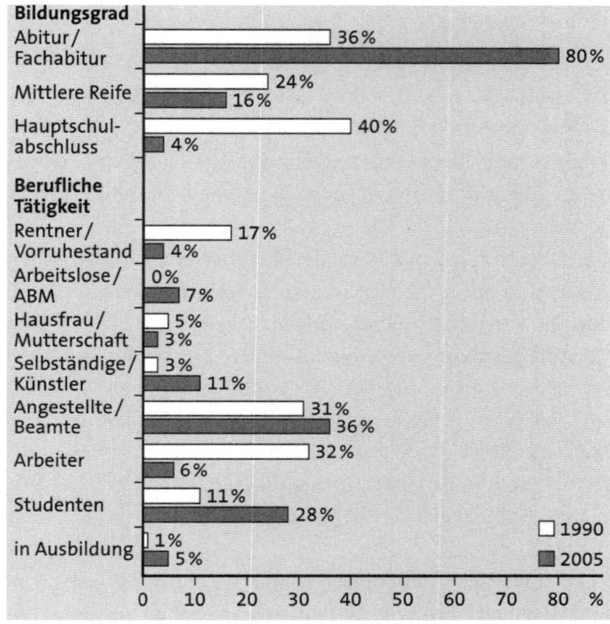

7 Bildungsgrad und berufliche Tätigkeit der Bewohner der Dresdener Äußeren Neustadt

	Äußere Neustadt		Dresden gesamt	
	1996	2005	1996	2005
durchschnittliches Haushaltsnettoeinkommen	1 378 €	1 946 €	1 648 €	1 857 €
Anteil der Haushalte mit mehr als 2 000 Euro	14 %	37 %	25 %	35 %

8 Entwicklung der Haushaltnettoeinkommen

		0–24 Jahre	25–59 Jahre	60 Jahre und älter
1990	Äußere Neustadt	36,1	45,4	18,5
	Dresden gesamt	31,2	48,5	20,3
2005	Äußere Neustadt	32,3	59,8	7,9
	Dresden gesamt	24,5	47,9	27,6

9 Entwicklung der Altersstruktur (in %)

Operator „Vergleichen“

Beispielaufgabe

Vergleichen Sie den Einfluss der planetarischen Zirkulation auf das Klima von Triest und Bari.

	Jan.	Feb.	Mär.	Apr.	Mai	Jun.	Jul.	Aug.	Sep.	Okt.	Nov.	Dez.	Jahr
Triest, 11 m													
°C	4,7	5,6	8,9	13,5	17,9	21,5	23,7	23,1	20,1	15,6	10,6	7,1	14,4
mm	68	62	62	84	77	93	92	91	104	94	107	89	1023
Bari, 12 m													
°C	8,7	9,5	11,1	14,2	18,1	22,2	24,9	24,5	21,3	17,8	14,1	10,8	16,4
mm	68	57	57	42	39	29	25	24	46	73	79	70	609

1 **Ausgewählte Klimastationen**

So sollten Sie vorgehen

1. Was fordert die Aufgabe von Ihnen?

„Vergleichen“ bedeutet, Gemeinsamkeiten und Unterschiede gewichtend einander gegenüberstellen und ein Ergebnis formulieren.

Der Operator verlangt hier, den Einfluss der planetarischen Zirkulation auf zwei Klimastationen vergleichend darzustellen. Die Aufgabenstellung fordert von Ihnen mehr, als Niederschlagsverlauf und Temperaturkurve der beiden Stationen mithilfe der planetarischen Zirkulation zu erklären. Sie müssen zusätzlich Gemeinsamkeiten und Unterschiede des Einflusses deutlich machen und zusammenfassend ein Ergebnis formulieren. Es ist jedoch kein umfassendes Erklären der planetarischen Zirkulation notwendig.

2. Über welche Kompetenzen sollten Sie verfügen?

Im Unterricht haben Sie gelernt, Informationen aus einer Klimatabelle zu entnehmen. Mit Ihren Kenntnissen über die atmosphärische Zirkulation können Sie mithilfe des Atlas ableiten, welche Hoch- und Tiefdruckgebiete im Verlauf eines Jahres den Niederschlag und die Temperatur der beiden Stationen beeinflussen.

3. Wie finden Sie eine Lösung?

Sinnvoll erscheint es diesem Fall, aus den Werten der beiden Klimatabellen ein Klimadiagramm zu erstellen und den jeweiligen Klimatyp zu bestimmen. Damit wird es für Sie einfacher, die Einflüsse der verschiedenen Druckgebilde im Jahresverlauf herauszuarbeiten.

Anschließend empfiehlt es sich, eine Tabelle anzulegen mit folgenden Rubriken:

- Lage der Station (z. B.: Nord- oder Südhalbkugel, Lage an der Küste oder im Landesinnern, Lage an der West- oder Ostseite der Kontinente);
- Merkmale des Klimas (z. B.: Temperatur- und Niederschlagsmaxima bzw. -minima, Humidität und Aridität);
- bestimmende Druckgebilde bzw. Winde.

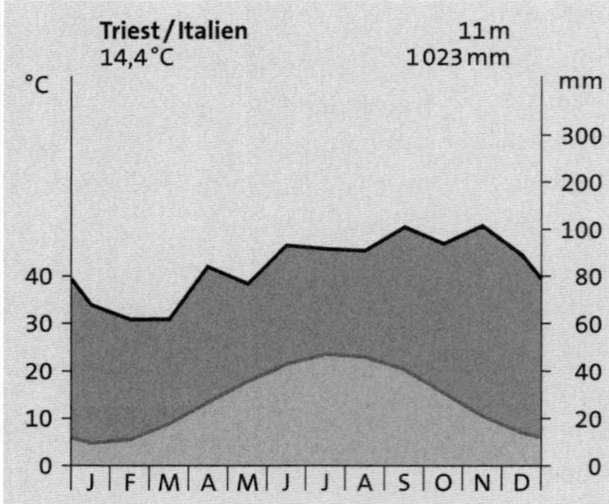

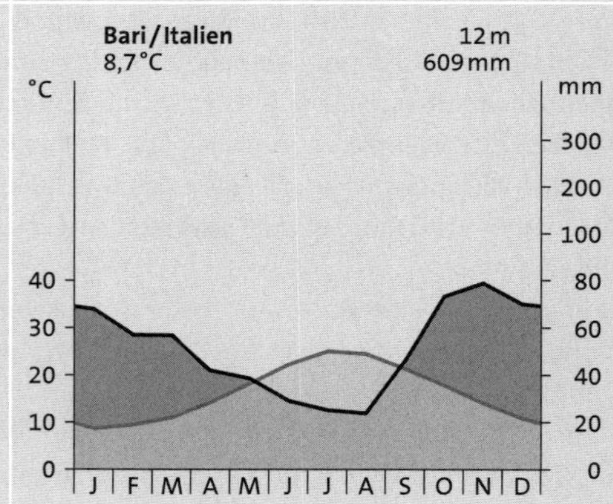

Station	Triest	Bari
Lage der Station		
Merkmale des Klimas		
Bestimmende Druckgebilde oder Winde		

2

Wie könnte Ihre Lösung aussehen?

Zur vollständigen Lösung der Aufgabe ist eine reine Darstellung von Informationen in Form einer Tabelle nicht ausreichend. Die in der Tabelle gesammelten Informationen müssen noch gewichtet und ein Ergebnis formuliert werden:

Beide Stationen unterscheiden sich im Hinblick auf Niederschlag und Klimatyp. Die Station Triest weist ganzjährig ein humides Klima auf. Dagegen ist das Klima der Station Bari als typisches Mittelmeerklima mit heißen, trockenen Sommern und regenreichen, milden Wintern zu beschreiben.

Die Niederschläge der Station Triest werden ganzjährig von Zyklonen der planetarischen Frontalzone beeinflusst. Diese Zyklonen führen auf ihrem Weg von West nach Osten feuchte Luft vom Atlantik (und vom Mittelmeer) heran.

Bei der Station Bari dauert die aride Jahreszeit von Ende Mai bis Mitte September. Sie ist von den trocken-heißen Luftmassen des Subtropenhochs bestimmt. In den Monaten September bis Mai liegt Bari immer wieder im Einflussbereich der maritimen Luftmassen der außertropischen Westwindzone. Die darin eingelagerten Zyklonen führen auf ihrem Weg nach Osten ebenso wie bei der Station Triest feuchte Luftmassen vom Atlantik heran. Der jahreszeitliche Wechsel ist letztendlich durch die Verlagerung der ITC bedingt. Im Sommer wird dadurch der subtropische Hochdruckgürtel nach Norden verschoben. Im Winter liegt dieser Hochdruckgürtel südlicher, so dass die Zyklonen der außertropischen Westwindzone weit nach Süden vorstoßen können.

Vergleichend lässt sich festhalten, dass beide Stationen im Einflussbereich der außertropischen Westwindzone liegen: Triest allerdings ganzjährig, Bari nur im Winterhalbjahr. Dagegen ist ein Einfluss der subtropischen Hochdruckzone nur bei der Station Bari im Sommer festzustellen.

Übungsaufgabe

1. Nigeria etablierte sich vor allem aufgrund seiner Rohstoffquellen bis Anfang der 80er-Jahre des letzten Jahrhunderts als ökonomische Führungskraft Schwarzafrikas.

Vergleichen Sie die wirtschaftliche Situation zu Beginn der 80er-Jahre mit dem Ende der 90er-Jahre des letzten Jahrhunderts.

	1980	**1998**
BSP in Mrd. US-$	92,0	36,3
davon Landwirtschaft	20,2	11,6
Industrie	41,4	14,9
Dienstleistungen	30,4	9,8
BSP pro Kopf in US-$	1010	300
Außenhandel in Mrd. US-$		
Import	12,39	7,42
Export	18,07	11,58
davon: Erdöl	16,26	11,18
Auslandsverschuldung in Mrd. US-$	7,0	30,31
Inflation in %	19,0 (Ø1970–80)	38,7 (Ø1990–98)

3 **Daten zur Wirtschaft Nigerias**

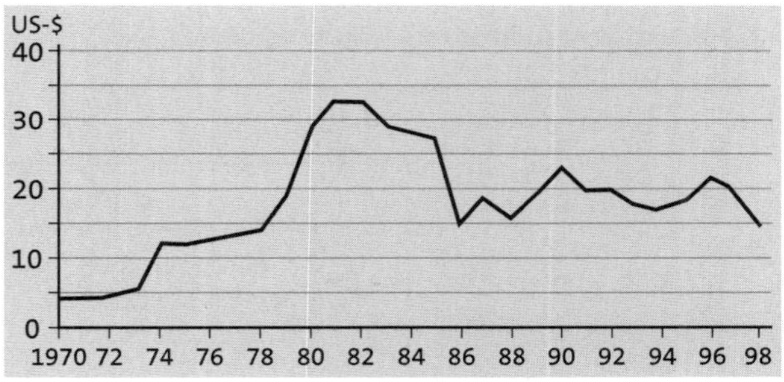

4 **Die Entwicklung der Rohölpreise 1970 - 1998**

Operator „Begründen“

Beispielaufgabe

Der Computerhersteller DELL beschäftigte 2007 rund 78 000 Mitarbeiter an sechs Standorten. Darüber hinaus gibt es weltweit Kundenservicezentren für Beratung und technische Produktunterstützung. Das in den letzten Jahren erfolgreiche Produktionskonzept von DELL war Vorbild für Nachahmer auf der ganzen Welt. (7)

Begründen Sie mit fünf wesentlichen Argumenten den Wettbewerbsvorteil, den DELL über Jahre hinweg durch sein Produktions- und Vermarktungskonzept erzielen konnte (M1, M2).

(4)

Standort	Markt
Nashville (Tennessee) Austin (Texas)	für Nordamerika
Eldorado do Sul (Brasilien)	für Südamerika
Limerick (Irland)	für Europa, den Nahen und Mittleren Osten sowie Afrika
Penang (Malaysia)	für die Asien-Pazifik-Region mit Japan
Xiamen (China)	für China

1 Produktionsstandorte und Märkte von DELL

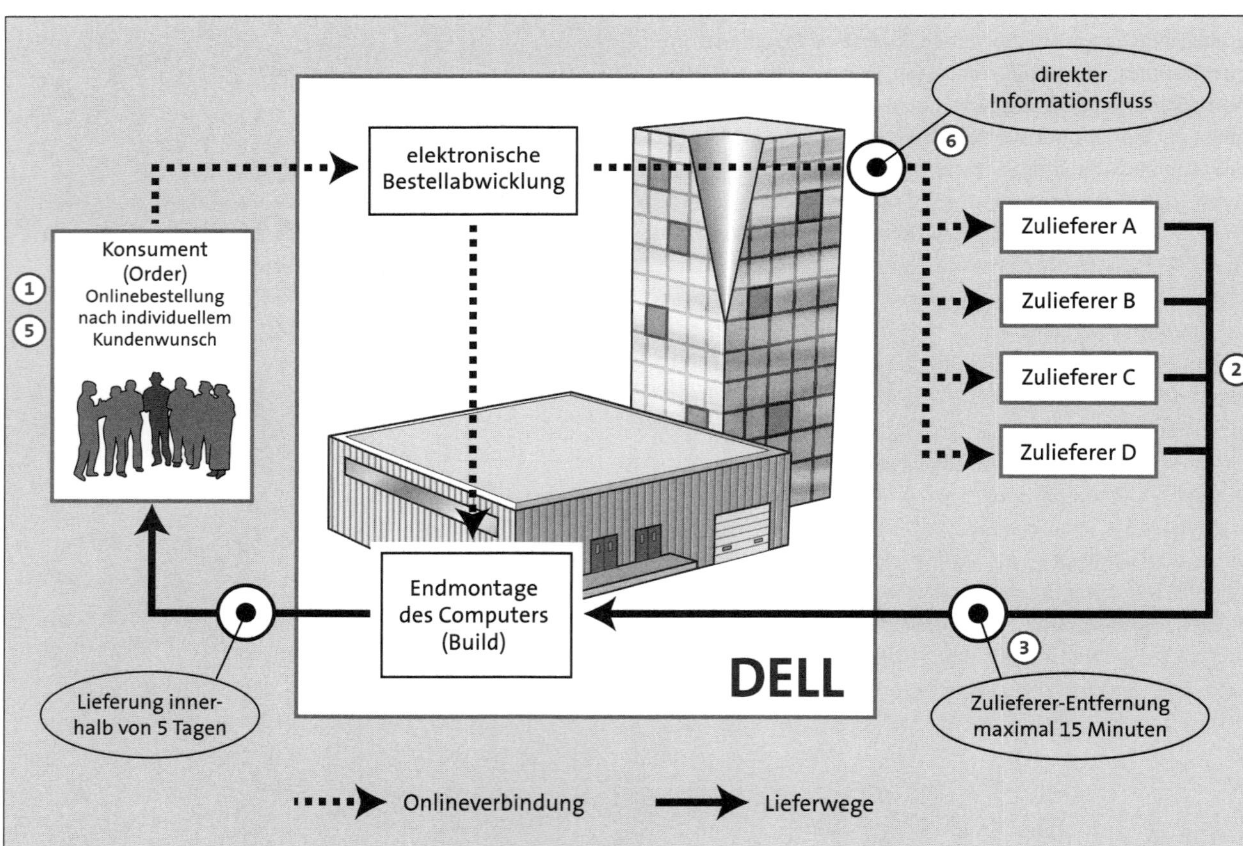

2 Das Produktions- und Vermarktungskonzept von DELL (Build to Order) (5)

So sollten Sie vorgehen

1. Was fordert die Aufgabe von Ihnen?

„Begründen“ verlangt, komplexe Grundgedanken schlüssig zu entwickeln und in einem Zusammenhang darzustellen.

Hier fordert der Operator, ausgehend vom Material mit fünf Argumenten begründet darzulegen, welchen Wettbewerbsvorteil die Firma DELL durch ihr Produktions- und Vermarktungskonzept erzielen konnte. Es genügt nicht, wenn Sie den Materialien Informationen entnehmen und diese als „Argumente“ kennzeichnen. Es ist auch erforderlich, die Bedeutsamkeit der Argumente darzulegen. Andererseits müssen Sie hier keine Erläuterung vornehmen.

2. Über welche Kompetenzen sollten Sie verfügen?

Zur Beantwortung der Aufgabe sollten Sie über die Kompetenz verfügen, komplexe Diagramme hinsichtlich eines leitenden Gedankens oder einer Fragestellung zu analysieren. In diesem Fall benötigen Sie auch Fachkenntnisse über moderne Produktionskonzepte und unternehmerische Standortwahl.

3. Wie finden Sie eine Lösung?

Zur Lösung der Aufgabe stehen Ihnen die Informationen im Einleitungstext der Aufgabe sowie eine Tabelle (M1) und die Grafik 2 zur Verfügung.

In einem ersten Schritt können Sie sich notieren, welche Fachbegriffe Ihnen bei dem Stichworten Produktionskonzept und unternehmerische Standortwahl einfallen. Das können einerseits z.B. interne Flexibilisierung, externe Flexibilisierung, Just-in-Sequence, Just-in-time, Lean Management, Lean production und E-Commerce sein, andererseits aber auch Agglomerationsfaktoren, Infrastrukturfaktoren und Standortverlagerung. Daran anschließend sollten Sie mit diesen Begriffen als „Filter" die Materialien analysieren. So lassen sich die Hinweise 1-7 den Materialien entnehmen:

(1) Onlinebestellung
(2) Zulieferer
(3) just-in-time-Produktion
(4) Produktion im Markt
(5) Individuelles Produkt
(6) direkter Informationsfluss
(7) weltweites Netz von Servicecentern

Wie könnte Ihre Lösung aussehen?

Der Computerhersteller DELL erzielte dadurch einen Wettbewerbsvorteil, dass er aufgrund seines modernen Produktionskonzeptes kostengünstig produzieren und vermarkten und damit den Kunden ein preisgünstiges Angebot machen konnte. Der Einsatz von E-Commerce mit den Schwerpunkten Vereinfachung der Kommunikation in allen Bereichen der Produktion und des Marketings durch Online-Datenaustausch und der damit verbundenen Umgehung des Zwischenhandels vermindert die Kosten deutlich. Mit Zuliefern, die in unmittelbarer Nähe der Produktion sitzen, können durch eine just-in-time-Produktion die Kosten für die Lagerhaltung gesenkt werden. Damit werden gleichzeitig auch unternehmerische Risiken auf die Zulieferer abgewälzt. Die Produktion im Markt verkürzt die Transportwege. Eine hohe Kundenzufriedenheit trägt entscheidend zum Wettbewerbsvorteil bei. Dies wird erreicht durch das build-to-order-Konzept: Der Computer wird erst gefertigt, wenn der Kunde seine individuellen Wünsche geäußert hat. Für den Kunden ist zudem die Onlinebestellung bequem und schnell. Ein weltweites Netz von Servicecentern spricht für Kundenorientierung. Mit diesem Produktionskonzept, das Elemente der internen und externen Flexibilisierung enthält und die Standorte weltweit so verteilt, dass einerseits in den jeweiligen Märkten, andererseits kostengünstig produziert werden kann, erzielt DELL einen Produktionsvorteil.

Übungsaufgaben

1. **Begründen** Sie ausgehend von M3 die Notwendigkeit des Sardar-Sarowar-Staudammprojektes für den Nordwesten Indiens.

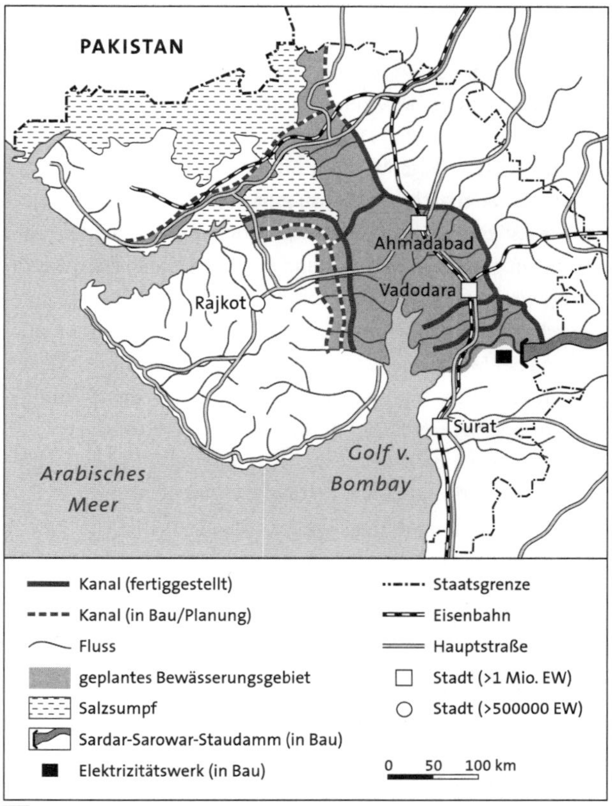

3 Das Sardar-Sarowar-Staudammprojekt

2. Im Raum Aachen-Bonn-Köln-Düsseldorf ist das Biotechnologie-Cluster „BioRiver" entstanden.
Begründen Sie – ausgehend von M4 – die dynamische Entwicklung dieses Biotechnologie-Clusters.

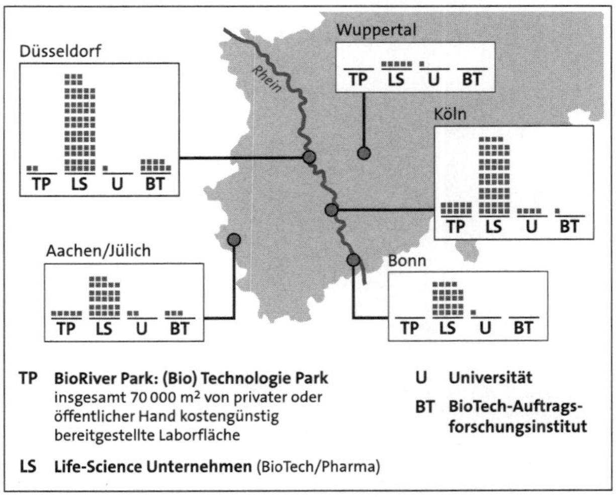

4 Karte des Biotechnologie-Clusters „BioRiver"

Operator „Erstellen“

Beispielaufgabe

Erstellen Sie – ausgehend von M 1 bis M 4 – ein Wirkungsgeflecht zu den Ursachen und zu den räumlichen, wirtschaftlichen und sozialen Problemen des städtischen Marginalisierungsprozesses in Entwicklungsländern.

So sollten Sie vorgehen

1. Was fordert die Aufgabe von Ihnen?

„Erstellen“ heißt, Sachverhalte inhaltlich und methodisch angemessen grafisch darstellen und mit fachsprachlichen Begriffen beschriften.

Im vorliegenden Fall fordert der Operator, dass Sie unter Einbeziehung der Materialien M 1 bis M 4 wesentliche Informationen zum städtischen Marginalisierungsprozess in Entwicklungsländern in einem Wirkungsgefüge strukturiert anordnen.

Das Erstellen eines Wirkungsgefüges verlangt nicht nur, Informationen übersichtlich darzustellen. Vielmehr kommt es darauf an, zum vorgegebenen Thema zunächst Schlüsselbegriffe herauszuarbeiten bzw. zu benennen. Diese müssen dann so durch Wirkungspfeile sinnvoll miteinander verknüpft werden, dass kausale Zusammenhänge deutlich werden.

2. Über welche Kompetenzen sollten Sie verfügen?

Die Lösung dieser Aufgabe setzt voraus, dass Sie Fotos, Diagramme und Texte sachgerecht auswerten können. Darüber hinaus sollten Sie im Unterricht erarbeitete Grundbegriffe und Erkenntnisse über Verstädterungs- bzw. Metropolisierungs- und Marginalisierungsprozesse in Entwicklungsländern einbringen. Mithilfe dieses Vorwissens und der aus den Materialien gewonnenen Informationen sollten Sie in der Lage sein, themengemäße Schlüsselbegriffe zu bestimmen. Das Erstellen eines Wirkungsgefüges setzt des Weiteren voraus, dass Sie die Fähigkeit besitzen, Begriffe hierarchisch zu ordnen, in vernetzten Zusammenhängen zu denken und komplexe Strukturen grafisch darzustellen.

3. Wie finden Sie eine Lösung?

Zur Lösung der Aufgabe stehen Ihnen ein Foto, ein Balkendiagramm sowie zwei Quellentexte zur Verfügung, die im Hinblick auf die Problemstellung ausgewertet werden müssen. Diese Materialien beziehen sich auf die Metropole Lagos (Nigeria). Von diesem Fallbeispiel „ausgehend“ (Aufgabenformulierung) müssen Sie weitere, im Unterricht gewonnene Erkenntnisse zur Verstädterung in Entwicklungsländern und zum dortigen Marginalisierungsprozess heranziehen.

Aus dem Materialangebot sind nun zunächst entsprechende Schlüsselbegriffe herauszuarbeiten (siehe Hinweise bei den Materialien). Sie sind durch weitere, im Unterricht angesprochene wesentliche Merkmale des städtischen Marginalisierungsprozesses in Entwicklungsländern zu ergänzen.

Zur strukturierten Darstellung gibt die Aufgabenformulierung eine wesentliche Hilfe, indem sie zwischen räumlichen, wirtschaftlichen und sozialen Problemen unterscheidet. Diesen Oberbegriffen sind die gefundenen Schlüsselbegriffe in unterschiedlicher Hierarchie zuzuordnen und durch Wirkungspfeile sinnvoll miteinander zu verknüpfen. Was wirkt worauf ein? Was folgt daraus? Wo bestehen Verflechtungen, Rückkoppelungen?

1 **Stadtbild von Lagos/Nigeria**

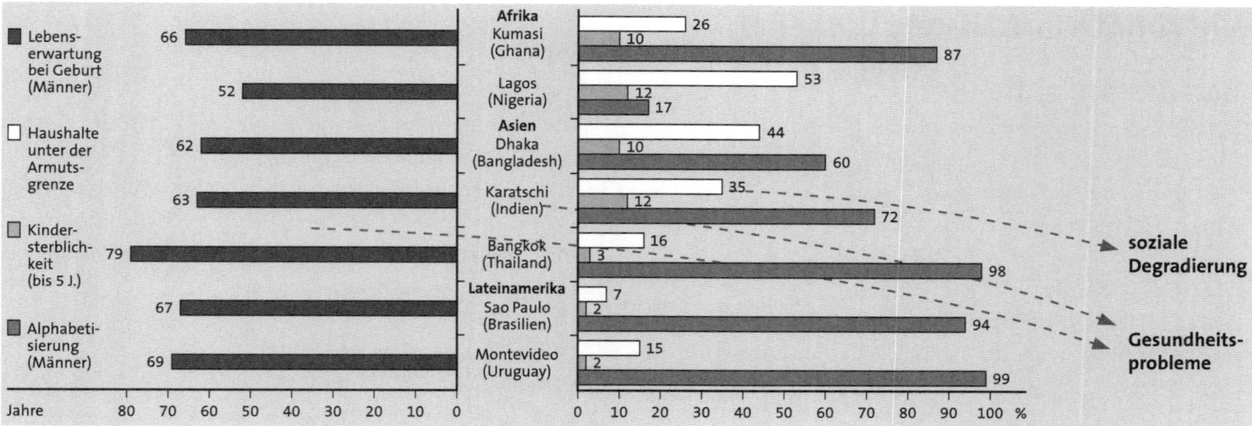

2 Ausgewählte soziale Indikatoren: Armut, Lebenserwartung und Alphabetisierung in ausgewählten Städten, 2002

Lagos: Soziale Situation und Infrastruktur

„Die Zahl der Menschen in Slums wächst rapide – in ganz Nigeria. Schon heute leben rund 80 Prozent der städtischen Bevölkerung in Elendsvierteln. Die Zahl der Menschen in Elendsvierteln wächst genauso schnell wie die städtische Bevölkerung insgesamt. Das gilt auch für Lagos. Es wird informell und spontan gebaut, zugleich drohen immer wieder Zwangsvertreibungen. Es gibt zwar ein staatliches Wohnungsbauprogramm, doch deckt dieses nicht den Bedarf ... Der private Wasserkonsum [liegt] im Durchschnitt bei 45 Litern pro Person am Tag – für Lagos insgesamt [Zum Vergleich: Köln täglich 247 Liter]. Hinzu kommt, dass die Bewohnerinnen und Bewohner informeller Siedlungen überteuerte Preise für (Trink-)Wasser zahlen. Zumeist sind sie auf private Wasserverkäufer angewiesen, die die Preise unkontrolliert nach oben treiben können. Schmutziges Wasser und fehlende Sanitäranlagen zählen zu den drängendsten Probleme Lagos."

Sonja Ernst/ Bundeszentrale für politische Bildung: Megastädte – Lagos; unter: www.bpb.de/themen/QM9XLD,3,0,Lagos.html#art3 (Zugriff: 04/2011)

Marginalisierung breiter Bevölkerungsschichten
illegale Landnahme, Elendssiedlungen
Zersiedelung
unzureichende Versorgung
weitere Verarmung
Verschärfung der sozialen Gegensätze
Überlastung der städtischen Infrastruktur

3

In den Slums von Lagos

„John ... lebte in Ijora ... in Holzhütten, die auf Stegen über Tümpeln und Flussläufen standen. Zwei Männer wohnten dort auf acht Quadratmetern. Sie teilten sich die Hütten nach Schichten: Wer nachts arbeitete, wohnte tagsüber, und umgekehrt. Müll lag vor und unter den Hütten, Ratten liefen herum ... Schlägerbanden zogen grölend herum und legten Feuer, wenn einer das Schutzgeld nicht zahlen wollte ... Lagos ist Stau: eine einzige Masse von Autos, und zwischen den Autos zwängen sich Blinde, Krüppel, zehn-, zwölfjährige Jungs hindurch, auf den Köpfen Eimer mit Getränken. Sie flehen die Fahrer an, manchmal reichen sie die Getränke nach innen ... Lagos riecht nach Urin, nach Schweiß. Nach brennenden Müllbergen, nach feuchtem Müll und faulem Wasser. Nach Benzin und nach Abgasen. Vor den Tankstellen lange Schlangen, hier: im Land des Öls. Die Männer von Lagos trinken morgens um zehn, die Frauen tragen zu viele Kinder herum."

Klaus Brinkbäumer: Elend in Nigeria. In: SPIEGEL ONLINE vom 25.09.2006 unter: www.spiegel.de/panorama/0,1518,438744,00.html (Zugriff: 04/2011)

Kriminalität
Überlastung
Suche nach Nischen zum Überleben
Ausweitung des informellen Sektors
Überlastung der natürlichen Ressourcen
Umweltbelastung

4

Wie könnte Ihre Lösung aussehen?

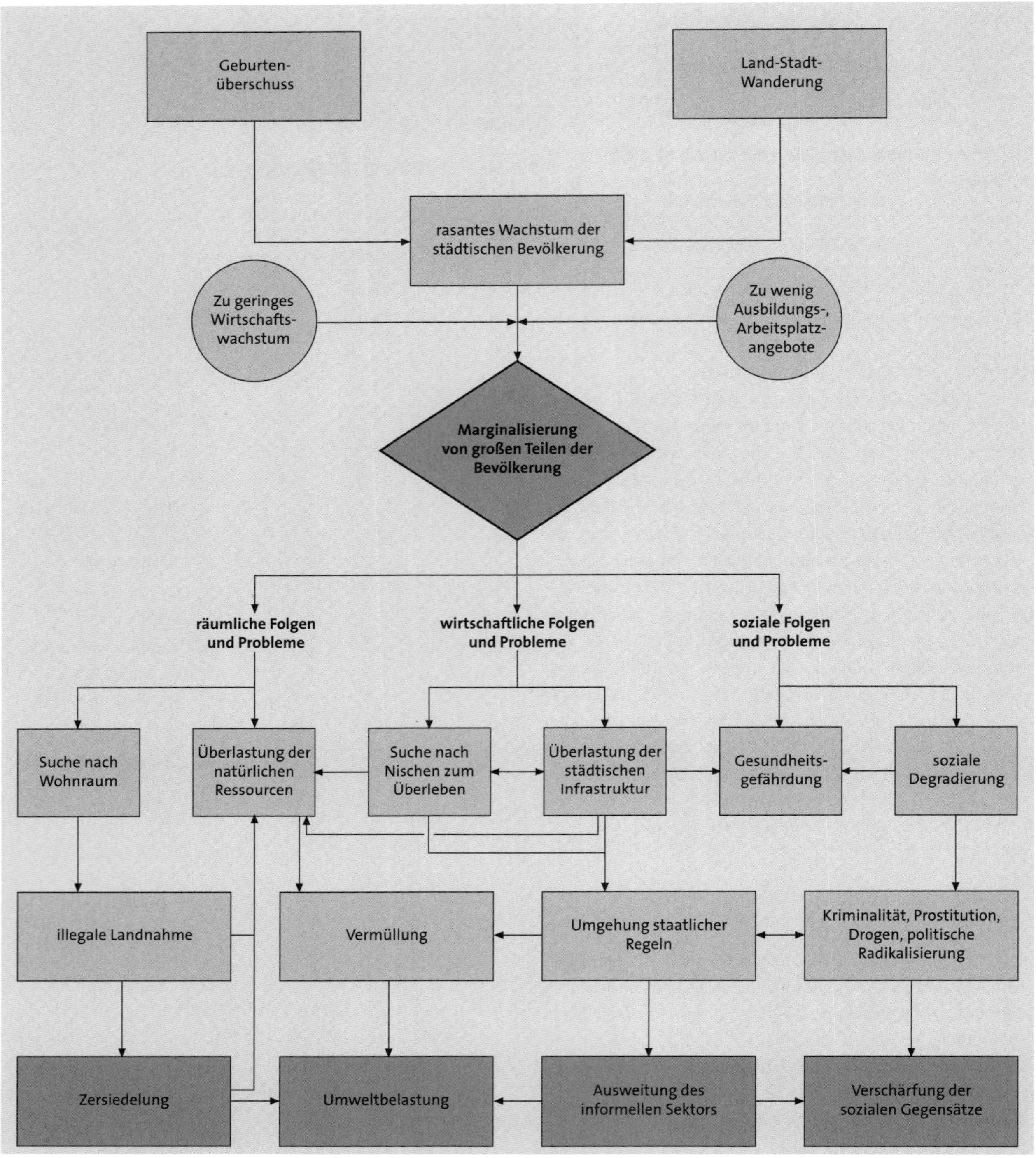

5 Städtische Marginalisierungsprozesse in Entwicklungsländern: Ursachen sowie räumliche, wirtschaftliche und soziale Folgen

Übungsaufgaben

1. **Erstellen** Sie eine beschriftete Profilzeichnung einer typischen Steilküste.

2. In vielen Metropolen ist weltweit die Bevölkerung in den letzten Jahren explosionsartig gewachsen. Gleichzeitig ist zu beobachten, dass in vielen städtischen Ballungsräumen die Jahresdurchschnittstemperatur im Vergleich zum Umland um bis zu 1,5 Grad Celsius angestiegen ist.
Erstellen Sie ein Wirkungsgefüge zu den anthropogenen Ursachen der Temperaturerhöhung in städtischen Räumen gegenüber dem Umland.

Operator „Beurteilen"

Beispielaufgabe

Die Karte M1 zeigt Klimastationen in Nordamerika, für die verlässliche Niederschlagsmessungen vorliegen und die von Köppen / Geiger für die Erstellung ihrer Klimakarte verwendet wurden.

Beurteilen Sie anhand der gezeigten Verteilung der Messstationen die Aussagekraft einer derartigen Klimakarte.

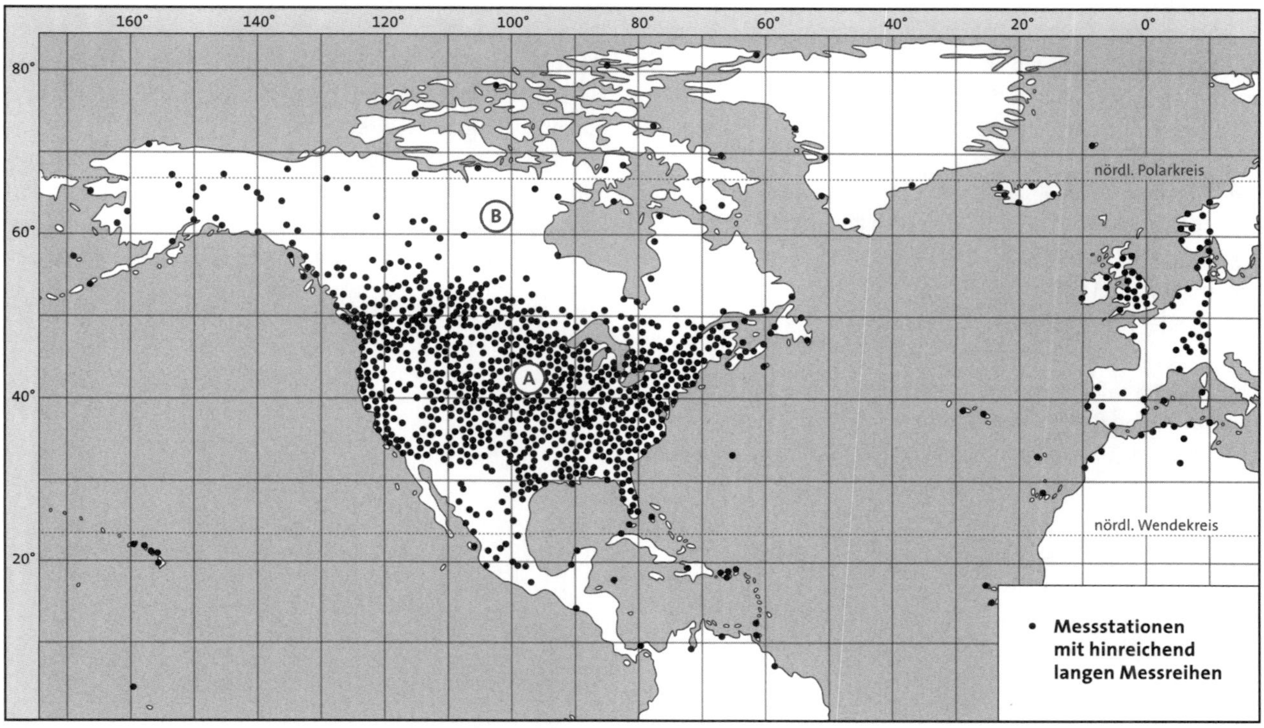

1 **Verteilung von Niederschlagsmessstationen in Nord- und Mittelamerika**

So sollten Sie vorgehen

1. Was fordert die Aufgabe von Ihnen?

„Beurteilen" heißt, Aussagen, Behauptungen, Vorschläge oder Maßnahmen im Zusammenhang auf ihre Stichhaltigkeit bzw. Angemessenheit prüfen und dabei die angewandten Kriterien nennen.

Der Operator verlangt hier von Ihnen, dass Sie die Verteilung der Messstationen erfassen und herausarbeiten, welche Bedeutung die Verteilung der Messstationen für die Aussagekraft von Klimakarten hat. Es geht also nicht um ein Beschreiben, eine Analyse oder Interpretation der Karte, sondern Sie müssen die enthaltenen Aussagen zur Verteilung von Messstationen als Voraussetzung für andere, darauf basierende Karten prüfen.

2. Über welche Kompetenzen sollten Sie verfügen?

Notwendige Voraussetzung ist für Sie zunächst, dass Sie Karten lesen und wesentliche Informationen entnehmen können. Sie sollten auch Kriterien zur kritischen Betrachtung von Daten hinsichtlich ihrer Verwendbarkeit finden können. Wichtig sind auch Kenntnissen zum Erstellen thematischer Karten, die Sie anwenden müssen.

Ihre Kenntnisse zum Aufbau von effektiven Klimaklassifikationen, hier insbesondere zur Klimakarte von Köppen / Geiger, sollten Sie ebenfalls anwenden können.

3. Wie finden Sie eine Lösung?

Zunächst sollten Sie die Karte einordnen und die Hauptaussagen der vorliegenden Karte erfassen.

In einem zweiten Schritt sollten Sie die Karte mit der effektiven Klimaklassifikation von Köppen heranziehen, um die klimatische Gliederung in Nordamerika zu erfassen:

- Mexiko und Westteil der USA mit einer sehr kleinräumigen Untergliederung im Bereich Niederschläge (2. Buchstabe der Klassifizierung): Steppenklima, Wüstenklima, wintertrocken;
- alle übrigen Bereiche weniger differenziert, große Räume sind einheitlich als feucht eingeordnet.

Im dritten Schritt müssen Sie diese Aussagen abgleichen. Das lässt sich gut in einer Übersicht darstellen:

A: Gebiete mit hoher Datendichte in M 1	B: Gebiete mit geringer Datendichte in M 1
Meist kleinräumige Differenzierung mit drei verschiedenen Niederschlagstypen	Große Räume einheitlich klassifiert, bezüglich Niederschlägen keine Unterschiede im gesamten Raum

Damit können Sie in einem letzten Schritt Ihre abschließende Beurteilung formulieren. Sie sollten dabei die angewendeten Kriterien (Datenlage uneinheitlich und die gewonnenen Zusammenhänge [Tabelle]) benennen.

Wie könnte Ihre Lösung aussehen?

Erkennbar in der Karte M 1 ist eine sehr unterschiedliche Dichte des Messnetzes: Bereichen mit sehr hoher Stationsdichte (USA, Mexiko) stehen Bereiche mit sehr spärlicher Stationsdichte (Alaska, Grönland und fast ganz Kanada) gegenüber, die Datenlage ist also insgesamt äußerst uneinheitlich. Die Aussagekraft der effektiven Klimakarte muss für Regionen, in denen die Datengrundlage sehr gering ist, infrage gestellt werden. Es wird für diese Regionen suggeriert, dass hier großflächig gleiche Niederschlagsbedingungen herrschen. In Regionen mit diesem spärlichen Messnetz werden „Ausreißerstationen“ (z. B. durch lokale Gegebenheiten wie Höhenlage, lokale Windsysteme etc.) entweder gar nicht erfasst oder durch Zufall überbewertet.

Die kleinräumige Differenzierung ist nur in Regionen mit ausreichend dichtem Netz an Messstationen möglich, nur dort kann von genauen Unterscheidungen verschiedener Niederschlagstypen in der Karte von Köppen/Geiger ausgegangen werden.

Übungsaufgaben

1. Einige Wissenschaftler vertreten die Auffassung, dass die neuen Wohnstädte am Rand der Metropole Santiago keine Städte im geographischen Sinn mehr seien. (M 2)
Beurteilen Sie diese Auffassung vor dem Hintergrund des geographischen Stadtbegriffs.

2. **Beurteilen** Sie unter Einbeziehung des Materials 3 den Gedanken eines Entwicklungsprojektes „Kochen mit Sonne – Solarkocher im südlichen Afrika".

Megaprojekte im Umland der Agglomeration Santiago de Chile

„In einigen Städten Lateinamerikas sind in den letzten Jahren geschlossene städtebauliche Komplexe entstanden, die die übliche Größe von Barrios Cerrados bei weitem übersteigen und als ummauerte Städte – Ciudades Valladas – bezeichnet werden können. Solche Einheiten erreichen nicht selten Einwohnerzahlen von 50 000 Menschen und mehr. (...) Inzwischen sind derartige Megaprojekte auch in Santiago begonnen worden, und zwar für die Oberschicht (PiedraRoja, Valle Norte, La Reserva) und die untere Mittelschicht (Larapinta, Valle Grande).

Um die geplanten Erschließungen dann auch durchführen zu können, bedurfte es einer rechtlichen Grundlage, denn auch in einer deregulierten Ökonomie ist es keineswegs selbstverständlich, dass Straßen und Autobahnen für die Öffentlichkeit unzugänglich erstellt werden und Territorien, die sich in einer einzigen Gemeinde (Colina) auf 36 km² summieren können, im Einzelfall aber auch schon 16 km² erreichen, zwar urban erschlossen, aber der Öffentlichkeit verschlossen gestaltet werden. Hinter den hohen Mauern und den zentralen Einfahrtstoren wohnen im Endstadium immerhin bis zu 65 000 Menschen, und derartig große Ghettos sind natürlich nicht unproblematisch. (...)

Diese Ciudades Valladas am Nordrand der Metropolitanregion von Santiago de Chile sind mit Privatschulen, Privatuniversitäten, Einkaufszentren oder Malls, großzügigen Sportanlagen (Golf, Tennis, Freibäder, Fitness etc.) ausgestattet, die ausschließlich den Bewohnern vorbehalten sind. Sie sind darüber hinaus mit Privatstraßen und -autobahnen mit der Oberstadt von Santiago verbunden und gestatten den Bewohnern, die Arbeitsplätze in den Büro-Vierteln der Stadt in 10–15 Minuten zu erreichen, während ihre nicht zur Benutzung dieser Privatverkehrswege berechtigten Nachbarn außerhalb der Ciudades Valladas hierfür auf den zur Rush-Hour überfüllten öffentlichen Straßen 1,5 bis 2 Stunden benötigen."

Quelle: Axel Borsdorf: ÖGL, 50. Jg. 2006, H. 4, S. 248

2

Kochen mit der Sonne – Solarkocher im südlichen Afrika

„Es ist ein Teufelskreislauf: Gerade in den Gegenden, wo die Erde besonders karg ist, brennt die Sonne erbarmungslos. In Trockengebieten sind deshalb vor allem die Frauen tagtäglich viele Stunden damit beschäftigt, die zum Überleben notwendigen Rohstoffe, Wasser und Feuerholz, herbeizuschaffen. Sie benötigen das Holz vor allem, um für ihre Familien die täglichen Mahlzeiten zuzubereiten.

Vor Ort wird der Rohstoff nach einer Weile knapp. Dadurch werden die Wege, die Tag für Tag zurückgelegt werden müssen, immer weiter und der Zeitaufwand immer größer. Für die Bewohner von Städten, die Brennmaterial kaufen müssen, verteuert sich das Holz erheblich. Ein Solarkocher – leicht zu transportieren, zu bedienen und in nahezu jeder Hütte zu nutzen, könnte helfen, den Teufelskreis zu durchbrechen."

Bundesministerium für wirtschaftliche Zusammenarbeit und Entwicklung (www.bmz.de/projekte/pr13.html; Zugriff)

3

Operator „Bewerten“

Beispielaufgabe

In Bremerhaven wurde mit dem Container-Terminal 4 im September 2008 eines der bislang größten maritimen Bauvorhaben Europas abgeschlossen.

Bewerten Sie diese Hafenerweiterung im Bereich des ostfriesischen Wattenmeeres unter dem Aspekt der Nachhaltigkeit (M 1–M 5).

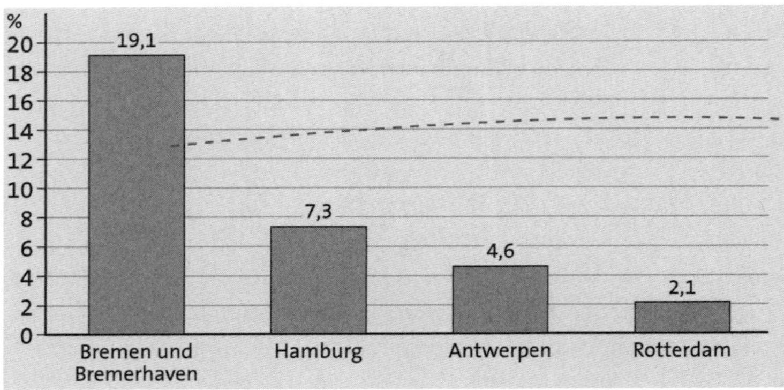

Wirtschaftlicher Aufschwung, Sichern und Schaffen von Arbeitsplätzen

1 Wachstum im seeseitigen Güterverkehr der vier bedeutendsten Nordsee-Häfen 2005–2006 (in %)

„Kein Bereich der Wirtschaft wächst im Land Bremen derzeit stärker als der Sektor ‚Hafengeschäft und Logistik'. Das liegt vor allem an der dynamischen Entwicklung des Containerumschlags. Mit einer Jahresleistung von 4,4 Millionen Standard-Containern zählten die ... Hafenanlagen in Bremerhaven im Jahre 2006 zu den größten und leistungsfähigsten in Europa (im Vergleich dazu Hamburg: 8,8 Millionen) – und die Zeichen stehen weiter auf Wachstum.
Das neue Container-Terminal (CT 4), das aktuell größte europäische Hafenbauwerk, ist am 12. September 2008 in Bremerhaven feierlich eingeweiht und seiner Bestimmung übergeben worden. In nur vier Jahren Bauzeit haben mehrere tausend Arbeiter die weltweit längste Stromkaje (Kaianlagen an der Weser) um etwa 1700 Meter verlängert. Das 440-Millionen-Euro-Projekt umfasst auch die Schaffung einer etwa 100 Hektar großen Stell- und Arbeitsfläche. Insgesamt können jetzt 14 Großcontainerschiffe gleichzeitig anlegen. ...
Die Region an der Wesermündung gehört zu den Globalisierungsgewinnern. So nahm 2007 die Zahl der Container mit Ladung aus und nach China um etwa 33 Prozent zu.
Eine wissenschaftliche Untersuchung der Beschäftigungseffekte ergab, dass der Umschlag von Containern und die dadurch ausgelösten wirtschaftlichen Tätigkeiten im Land Bremen insgesamt etwa 35 000 Stellen sichern – nicht nur auf der neuen Hafenanlage selbst, sondern auch in vielen Bereichen außerhalb des Terminals in Speditionen und Fuhrunternehmen sowie bei zahlreichen Dienstleistungsbetrieben rund um den Container.“

Aufschwung einer strukturschwachen Region

Beschäftigung nur während der Bauphase

hohe Investitionskosten für das Bundesland Bremen

Sicherung von Arbeitsplätzen in vor- und nachgelagerten Branchen

2 Pressemitteilung: Eröffnung des Container-Terminals 4 in Bremerhaven

	BIP Entwicklung 1995–2004	Erwerbstätige Entwicklung 1995–2004	Einwohner Entwicklung 1995–2004	Arbeitslosenquote August 2006	Arbeitslosenquote August 2008
Bremerhaven	10,0	−3,5	−10,1	22,4	16,6
Stadt Bremen	19,7	−0,2	−0,6	15,0	10,3
Deutschland	19,9	3,4	0,8	11,8	7,6

überproportionaler Rückgang der Arbeitslosigkeit in Bremerhaven

strukturschwacher Raum mit Abwanderungstendenzen

3 Ausgewählte Daten zur Wirtschafts- und Einwohnerentwicklung (in %)

	in 1000	Veränderung 200572006 (%)
Land Bremen	828	4,9
Stadt Bremen	714	6,3
Bremerhaven	114	−3,1
Deutschland	125 237	3,9

→ **Rückgang des Tourismus als Einnahmequelle**

4 Tourismusentwicklung: Touristen 2006

„Dem neuen Container-Terminal (CT 4) mussten fast 150 Hektar überwiegend gesetzlich geschützte Biotope weichen – Gebiete, in denen früher diverse gefährdete Arten lebten und die für Zugvögel zum Teil große Bedeutung hatten. Der Umwelt wurden von der Tide beeinflusste Lebensräume mit Wasser- und Sandflächen genommen. Watten, Salzwiesen und Röhrichte der Brackwasserzone gingen verloren. Beeinflusst wurde auch der Nationalpark Niedersächsisches Wattenmeer, der an das neue Hafengebiet angrenzt.
Deshalb muss an anderer Stelle ein Öko-Ausgleich hergestellt werden. Aus landwirtschaftlich genutzten Flächen sollen ökologisch hochwertige Zonen werden. Die zentrale Ausgleichsfläche für CT 4 entsteht bis 2010 südlich von Bremerhaven. Dort soll das bisher eingedeichte Land im Wechsel der Gezeiten überflutet werden, um neue von der Tide beeinflusste Lebensräume entstehen zu lassen. Dieses Vorhaben wird sorgfältig kontrolliert, damit die Menschen in den angrenzenden Marschgebieten weiterhin sicher leben können.
Mit dem Bau des neuen Terminals rückte der Hafen auf den Bremerhavener Ortsteil Weddewarden und die niedersächsische Nachbargemeinde Langen-Imsum vor. Damit erhöhte sich der Geräuschpegel – speziell in Bereichen, die in unmittelbarer Nähe von CT 4 liegen. Schallschutzmaßnahmen sollen die beeinträchtigte Wohn- und Lebensqualität der Anwohner verbessern."

→ **Verlust von Biotopen**

→ **Bedrohung von Lebensräumen**

→ **Gefährdung des Nationalparks Niedersächsisches Wattenmeer**

→ **Schaffung von Kompensationsräumen und deren Kontrolle**

→ **Durchführung von Emissionsschutzmaßnahmen**

5 Umweltverträglichkeit

So sollten Sie vorgehen

1. Was fordert die Aufgabe von Ihnen?

„Bewerten" heißt, Aussagen, Behauptungen, Vorschläge oder Maßnahmen beurteilen, eine persönliche Stellungnahme abgeben und dabei die eigenen Wertmaßstäbe offen legen.
Bei der vorliegenden Aufgabe sollen Sie die Maßnahme der Hafenerweiterung anhand des Kriteriums der Nachhaltigkeit prüfen und abschließend ein persönliches Werturteil abgeben.
Die Aufgabe fordert also nicht nur, zum Projekt der Hafenerweiterung Für- und Wider-Argumente (bzw. positive und negative Folgen) gegenüberzustellen. Vielmehr sollen diese Argumente anhand klar formulierter Maßstäbe bewertet werden. Daraus ergibt sich die Grundlage für Ihre persönliche Stellungnahme.

2. Über welche Kompetenzen sollten Sie verfügen?

Mit der Lösung dieser Aufgabe erreichen Sie ein sehr hohes Anforderungsniveau. Um sachgerecht bewerten zu können, müssen Sie sich zunächst eine ausreichende Informationsbasis verschaffen. Sie benötigen also die Fähigkeit, die beigefügten Materialien und darüber hinaus Atlaskarten gezielt im Sinne der Aufgabenstellung zu analysieren. Um den Befund „unter dem Aspekt der Nachhaltigkeit" zu prüfen, müssen Sie die ökologischen, ökonomischen und sozialen Kriterien der Nachhaltigkeit kennen und anwenden können. Um ein fundiertes abschließendes Werturteil abgeben zu können, ist es unerlässlich, dass Sie sich bereits sachlich mit dem Spannungsfeld von Ökologie, Ökonomie und Gesellschaft auseinandergesetzt und hierbei eine eigenständige Position gefunden haben.

3. Wie finden Sie eine Lösung?

Die Bewertung der Hafenerweiterung geht von den angebotenen Materialien aus, die im Hinblick auf positive und negative Auswirkungen zu analysieren sind. Zusätzlich können Atlaskarten zur Untersuchung des Natur- und Wirtschaftsraumes herangezogen werden.
Zur Offenlegung der eigenen Wertmaßstäbe bietet die Aufgabenformulierung eine wichtige Hilfe. Sie verweist auf den „Aspekt der Nachhaltigkeit". Im Unterricht wurde die Erkenntnis gewonnen, dass unter nachhaltiger Entwicklung das Bestreben verstanden wird, die Bedürfnisse der gegenwärtig lebenden Menschen zu befriedigen und dabei zugleich sicherzustellen, dass auch die Bedürfnisbefriedigung künftiger Generationen gewährleistet ist. Dabei bezieht sich diese Zielsetzung auf das Zusammenspiel von ökologische, ökonomischen und sozialen Aspekten.
Die Materialien sind im Sinne dieser drei Ziele der Nachhaltigkeit zu analysieren. Das Ergebnis, eine Sammlung aus Pro- und Contra-Argumenten (siehe Hinweise bei den Materialien), muss nun zu einer persönlichen Stellungnahme zusammengefasst werden. Dieses Fazit wird je nach Standpunkt stärker an ökologischen, ökonomischen oder sozialen Interessen orientiert sein.

Wie könnte Ihre Lösung aussehen?

Folgende Aspekte können aus den Materialien herausgearbeitet und in strukturierter Form (im Rahmen einer Klausur als zusammenhängender Text) dargestellt werden:

Ökonomische Aspekte

- Positiv: wirtschaftlicher Aufschwung einer strukturschwachen Region; Sichern und Schaffen von Arbeitsplätzen; zwar immer noch hohe Arbeitslosigkeit, aber überproportionaler Rückgang von August 2006 bis August 2008 (5,8 Prozentpunkte in Bremerhaven gegenüber 4,2 in Deutschland); höhere Steuereinnahmen
- Negativ: starke (konjunkturelle) Abhängigkeit vom Containerverkehr; nur während der Bauphase mehrere tausend zusätzliche Arbeitsplätze; hohe Investitionskosten für Infrastrukturmaßnahmen; Rückgang des Tourismus als Einnahmequelle

Soziale Aspekte

- Positiv: Abschwächung der Abwanderungsbewegung
- Negativ: Abnahme des Erholungswerts; Verminderung der Wohnqualität

Ökologische Aspekte

- Positiv: Durchführung von Lärm- und Emissionsschutzmaßnahmen; Ausweisung von Kompensationsflächen
- Negativ: Verlust von Biotopen; Bedrohung des angrenzenden Nationalparks Niedersächsisches Wattenmeer.

In der persönlichen Stellungnahme kann entweder stärker die wirtschaftliche Stabilisierung mit entsprechenden positiven sozialen Auswirkungen oder die Umweltgefährdung betont werden. Erwartet wird hier eine ausführliche Begründung der eigenen Position.

Übungsaufgabe

1. **Bewerten** Sie den Ansatz, in stärkerem Maße nachwachsende Rohstoffe bei der Energieerzeugung einzusetzen.

Ökologische Aspekte

„Die Nutzung der aus erneuerbarer Biomasse resultierenden Bioenergie wird – im Gegensatz zu fossilen Energieträgern – verbreitet als umweltverträglich beurteilt, da die biogene Masse während der Energieumwandlungsprozesse zwar Kohlenstoffdioxid freisetzt, zuvor jedoch bei ihrem eigenen Wachstum der Atmosphäre nicht weniger CO_2 entzogen hat. Dieser theoretisch geschlossene Kohlenstoffkreislauf wird als weitgehend ‚CO_2-neutral' bezeichnet.

Wenngleich bei der Gewinnung von Energie aus fossilen Energieträgern (z. B. Steinkohle, Erdöl) ebenso organisches Material zum Einsatz kommt, so wird hier bei der Verbrennung Kohlenstoffdioxid abgegeben, das über enorm große Zeiträume gespeichert wurde und nun innerhalb kürzester Zeit freigesetzt wird ...

Als Vorteil der Bioenergieträger gegenüber anderen regenerativen Energiequellen (z. B. Windkraft, Gezeitenkraft und Solarenergie) ... wird das natürliche energetische Speichervermögen in der organischen Substanz bewertet ... Schließlich wird mit einer verstärkten Nutzung von Bioenergieträgern dem Nachhaltigkeitsgedanken nachgekommen, indem die nur endlich zur Verfügung stehenden fossilen Energieträger geschont und damit Ressourcen für die Zukunft gesichert werden.

Ein weiteres Problem wird in der Konkurrenz von Bioenergie und Ernährung gesehen. So machen Agrarökonomen den wachsenden Bedarf an Energiepflanzen, z. B. Mais, Raps oder Soja, für steigende Preise auf den internationalen Lebensmittelmärkten verantwortlich."

Torsten Brockmann, Kristian Uhlenbrock: Infoblatt Bioenergie, unter: www.klett.de, vom 23.07.2009

6

Produktion von Biomasse als Perspektive für die Landwirtschaft?

„Eine viel versprechende Alternative zu fossilen Energieträgern ist Biomasse. Die Energiepflanzen haben nicht nur den Vorteil, dass sie im Gegensatz zu fossilen Ressourcen nicht versiegen, sondern es wird bei ihrer Verwendung auch kein zusätzliches klimarelevantes CO_2 ausgestoßen. Nachwachsende Rohstoffe lassen sich vielfältig als Energieträger nutzen und fast alle bei der Energieproduktion anfallenden Nebenprodukte können im Kreislauf als Tierfutter, Dünger oder zur weiteren energetischen Nutzung wiederverwertet werden. Biomasse ist speicherbar, kann an jeweiligen Standortbedingungen angepasst produziert werden und trägt durch das Erhalten von Arbeitsplätzen dauerhaft zur Entwicklung des ländliches Raumes bei."

Dr. Wilfried Korby: Biomasse: Perspektive der Landwirtschaft; in: TERRA Themenband Europa, Ernst Klett Verlag, Stuttgart, 2010, S. 70

7

Operator „Erörtern/Diskutieren"

Beispielaufgabe

„Der Wachstumsschub wird auch weiterhin auf einer steigenden heimischen Nachfrage beruhen. Das Ineinandergreifen von Kapitalismus, Demokratie, günstiger Demografie und den durch die Globalisierung eröffneten Möglichkeiten verleiht Indiens Wirtschaft eine Dynamik, die auch von einem schwerfälligen politischen Apparat kaum zu stoppen ist."

Erörtern Sie mithilfe von M1–M5 die Perspektiven zur Hebung des Entwicklungsniveaus Indiens!

Indien – Land der Gegensätze

„Indien eifert dem Wirtschaftsboom des großen asiatischen Nachbarn nach. Doch trotz des gigantischen Aufschwungs ist Indien nach wie vor durch tiefe soziale Gegensätze geprägt. Während der moderne Sektor boomt und Glaspaläste westlicher Konzerne wie Pilze aus dem Boden sprießen lässt, lebt und arbeitet der weit größte Teil der indischen Gesellschaft in der traditionellen Wirtschaft ... . Elendigste Slums, gigantische Müllberge und ein wütendes Verkehrschaos befinden sich oft in unmittelbarer Nachbarschaft der neuen Wirtschaftswelt aus Glas, Marmor und Beton. Auch der Boom wird ... nicht in der Lage sein, die soziale Spaltung des Landes zu überwinden. Der Wirtschaftsboom in Indien besteht in erster Linie in dem Aufstreben einzelner Branchen wie der Biotechnologie, der Genforschung, der Raumfahrttechnologie, der Medizinbranche und Pharmaindustrie. Dieser Boom basiert darauf, dass in diesen Bereichen sehr gut ausgebildete Köpfe zu sehr günstigen Konditionen vorhanden sind. Dadurch können die Forschungs- und Entwicklungskosten, die in diesen Bereichen traditionell hoch sind, gesenkt werden. Ermöglicht wird der rasante Aufstieg durch einen vorangegangenen Boom der Wissensindustrie. Die indische Hochschullandschaft produziert beispielsweise jährlich 150 000 ... Informatiker, deren Ausbildungsniveau sich mit europäischen oder amerikanischen Absolventen messen lassen kann."

Ulrich Brameier. Praxis Geographie. Bildungshaus Schulbuchverlage Braunschweig 05/2006, S. 39.

1

Indien boomt

„In Indien ist der Wirtschaftsaufschwung hausgemacht, das eigene intellektuelle Potenzial ist beträchtlich. Die gebildeten Inder sprechen alle Englisch und die Ausbildung entspricht absolut den westlichen Standards."

Aus: ebenda

3

Indien betreibt kommerzielle Raumfahrt

„Neu Delhi (dpa) – Indien ist in den Club der kommerziellen Raumfahrtnationen aufgestiegen: Eine indische Trägerrakete brachte am Montag einen italienischen Satelliten erfolgreich in den Weltraum. ‚Das ist ein historischer Moment', sagte der Chef der Indischen Raumforschungs-Organisation (ISRO), G. Madhavan Nair. Unter den indischen und italienischen Wissenschaftlern im Kontrollzentrum im südindischen Sriharikota brach Jubel aus, als die Rakete den Forschungssatelliten nach 22 Minuten in die Umlaufbahn in 550 Kilometer Höhe brachte."

www.pro-physik.de/Phy/leadArticle.do?laid=9120 vom 23.04.2007; Zugriff 03/2011

4

Schlagzeilen

„Kleine Familienbetriebe treiben in den Ruin!"
„Ghandis Enkel wollen Spaß – die neue Mittelschicht wächst rapide!"
„Großstädte drohen zu platzen!"
„Fast täglich ist in Zeitungen von Suiziden unter Bauern zu lesen!"
„Inder wollen auf den Mond!"
„Gletscherseen im Himalaja wachsen!"
„Fast 13,5 Mio. Menschen durch den schlimmsten Monsun seit Jahrzehnten obdachlos."

Nach: verschiedenen Presseveröffentlichungen der letzten 2 Jahre

5

	1995	2000	2005
Bevölkerung	923 000	1 014 825	1 097 000
Städtische Bevölkerung in %	26,6	27,6	28,7
Geburtenziffer in ‰	28,3	25,8	24,2
Sterbeziffer in ‰	9,0	8,5	7,5
Säuglingssterblichkeit in ‰	74,0	68,0	58,0
Lebenserwartung bei Geburt männlich	59,7	59,8	60,8
Lebenserwartung bei Geburt weiblich	60,9	62,7	63,1
Einwohner je Arzt	k.A.	1 827	17 004
Alphabethisierungsrate	52,0	57,2	60,4
Universitäten	226	254	3045
Verbrauch an Primärenergie in Mio. t Rohöleinheiten	254,4	320,4	387,3
Kohlendioxidemissionen in Mio. t	796,2	979,1	1 049,8

2 **Statistische Daten zu Indien**

So sollten Sie vorgehen

1. Was fordert die Aufgabe von Ihnen?

„Erörtern“ oder **„Diskutieren“** heißt, zu einer vorgegebenen Problemstellung durch Abwägen von Für- und Wider-Argumenten ein begründetes Urteil fällen oder eine begründete Meinung formulieren.
Es gilt, Argumente zu entwickeln, welche die Perspektiven zur Hebung des Entwicklungsniveaus Indiens verdeutlichen und diese im Diskurs zu vertreten. Damit zählt dieser Operator zu den Komplexesten und bedeutet mehr als Beurteilen oder Bewerten. Offen bleibt, die erarbeitete Meinungen an anderen Sachverhalten zu überprüfen.

2. Über welche Kompetenzen sollten Sie verfügen?

Da dieser Operator dem höchsten Anforderungsniveau genügt, ist die Problemstellung von einer großen Komplexität gekennzeichnet und sehr häufig mit sehr unterschiedlichen Materialien untersetzt. Sie müssen daher in der Lage sein, die Für- und Wider-Argumente der Perspektiven zur Steigerung des Entwicklungsniveaus Indiens aus den Materialien zu entnehmen und diese zu einer begründeten Meinung zusammenzufassen.

3. Wie finden Sie eine Lösung?

Im ersten Schritt ist es notwendig, dass Sie eine Für- und Wider-Liste erstellen. In diese tragen sie die Argumente aus den Materialien ein, die für die Beantwortung der Problemstellung hilfreich sein könnten. Im vorliegenden Beispiel geht es um die Erhöhung des Entwicklungsniveaus in Indien mit dem Schwerpunkt der wirtschaftlichen Entwicklung und deren Auswirkungen auf die Ökologie. In einem zweiten Schritt beziehen Sie mithilfe der Argumente zum Problem Stellung und fällen ein verbindliches Urteil. Dabei sollte das Urteil einer kritisch distanzierten Reflexion standhalten.

Wie könnte Ihre Lösung aussehen?

Argumente, welche die Aussagen zur Hebung des Entwicklungsniveaus Indiens unterstützen:

- Anhaltender Wirtschaftsboom in modernen Wirtschaftsbereichen, wie der IT-Technologie, der Raumfahrtindustrie, der Biotechnologie. (M 1 und M 3)
- Öffnung der Indischen Wirtschaft für den globalen Markt. (M 1)
- Hohes Bildungsniveau in ausgewählten Bereichen der modernen Wirtschaft und der englischen Sprache als Geschäftssprache. (M 2)
- Hoher Standard in Forschung und Entwicklung in ausgewählten Sektoren. (M 3)
- Demografische Entwicklung (M 5)
- Modernisierung ausgewählter Stadtbereiche. (M 1)

Argumente, welche die negativen Begleiterscheinungen, die mit der Hebung des Entwicklungsniveaus verbunden sind, beschreiben:

- Verstärkung der sozialen Unterschiede innerhalb der Gesellschaft, vor allem zwischen Stadt und Land. (M 1 und M 4)
- Unkontrollierte Stadtentwicklung mit Auswirkungen in den Bereichen Wohnen, Verkehr oder Entsorgen. (M 1)
- Geringe Veränderungen im Bereich der traditionellen Wirtschaftssektoren, wie der Landwirtschaft. (M 1)
- Rückgang der traditionellen Familienbetriebe. (M 4)
- Wachsender Verbrauch von Primärenergie. (M 5)

Fazit: Die mit der Hebung des wirtschaftlichen Niveaus verbundenen Probleme sind nicht zu unterschätzen und können langfristig zu einem Abschwung der Entwicklung führen. Vor allem die sozialen und ökologischen Folgen der Entwicklung sind kritisch zu hinterfragen. Ohne eine Nachhaltigkeit in diesen beiden Bereichen ist auch auf Dauer der ökonomische Fortschritt nicht zu sichern.

Übungsaufgabe

1. Aquafarming in Norwegen

Seitdem die traditionelle Fischereiwirtschaft wegen Überfischung der Meere zunehmend mit stagnierenden Fangquoten zu kämpfen hat, eröffnet das marine Aquafarming neue Perspektiven.

Erörtern Sie, ausgehend von M6–M8, Chancen und Risiken des marinen Aquafarmings.

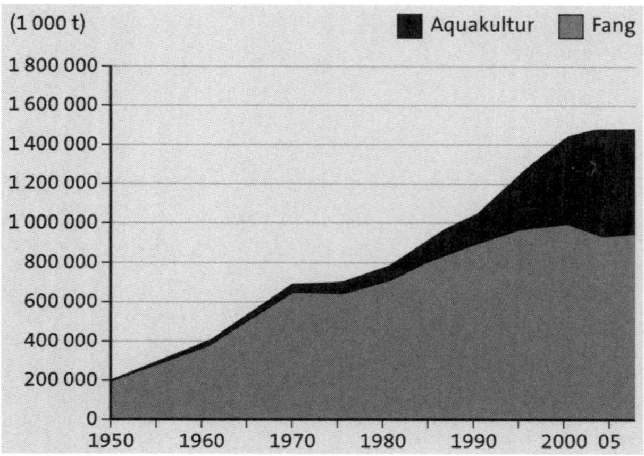

6 **Fischereiproduktion weltweit seit 1950**

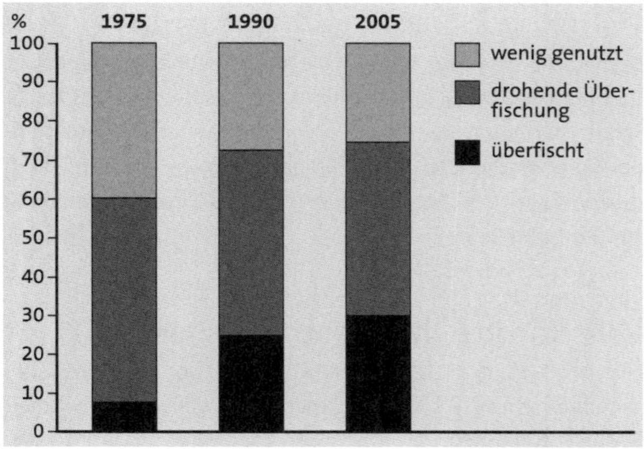

7 **Fischbestände weltweit**

Marines Aquafarming in Norwegen

„Erzeugnisse aus dem marinen Aquafarming, wie z. B. der Lachs, sind mittlerweile zu Delikatessen für breite Bevölkerungsschichten geworden. Meist wird im Supermarktregal jedoch nicht Wildlachs angeboten, sondern in speziellen Käfigen gezüchteter und gemästeter Farmlachs. Norwegen ist bei der Erzeugung von Farmlachs führend in der Welt, weit über 1 000 Fischfarmen sind dort in Betrieb. Sie ermöglichen den Bewohnern von strukturschwachen Küstenregionen ein gesichertes Einkommen und schaffen Arbeitsplätze. Zuchtfarmen übernehmen die Aufzucht der Jungfische, die dann an die Mastfarmen verkauft werden, wo sie zwei Jahre lang bis zur Schlachtreife mit Fischmehl, Fischöl, Soja, Mais und Vitaminen gemästet werden. Aber das marine Aquafarming bringt auch Probleme mit sich. Die Technik und der Unterhalt der Farmen bedürfen hoher Investitionen und die Preise geraten durch das steigende Angebot immer mehr unter Druck. Außerdem haben die Fischfarmer mit denselben Problemen der Massentierhaltung zu kämpfen wie ihre Kollegen auf dem Lande. Bei den hohen Besatzdichten besteht die Gefahr von Seuchen. Damit sich keine Infektionen mit Pilzen, Bakterien und Parasiten ausbreiten, die auch auf den natürlichen Fischbestand übergreifen könnten, werden die Zuchtfische mit Antibiotika und anderen Medikamenten präventiv behandelt. Heute wird in Norwegen gegen viele Infektionskrankheiten eine Impfung der Jungfische durchgeführt. Eine weitere Belastung besteht darin, dass die Futtermittel (Fischmehl und -öl) aus natürlichen Fischbeständen gewonnen werden. Zudem lässt sich eine geringere Qualität der gezüchteten Tiere im Vergleich zu den Fängen aus dem Meer feststellen. Eine neue potenzielle Gefahr wird im Einsatz von gentechnisch veränderten Zuchttieren gesehen, die aus ihren Käfigen ausbrechen und so die Wildpopulation gefährden könnten.

In den letzten Jahren konnten große Fortschritte bei der Fütterungstechnik (Reduzierung von Futtermenge und Medikamenten) erzielt werden. Ökologisch einwandfreie Ware aus Aquakulturen findet sich daher zunehmend in Naturkostläden. Die Entscheidung liegt letztendlich beim Kunden: Welche Kosten ist er bereit zu tragen und welche Produktionsmethode unterstützt er damit?"

8

Operator „Überprüfen“

Beispielaufgabe

Überprüfen Sie anhand von zwei wesentlichen Aussagen des Thermoisoplethendiagramms M1, ob dieses Thermoisoplethendiagramm der Station Valdivia in Chile (M2) zugeordnet werden kann.

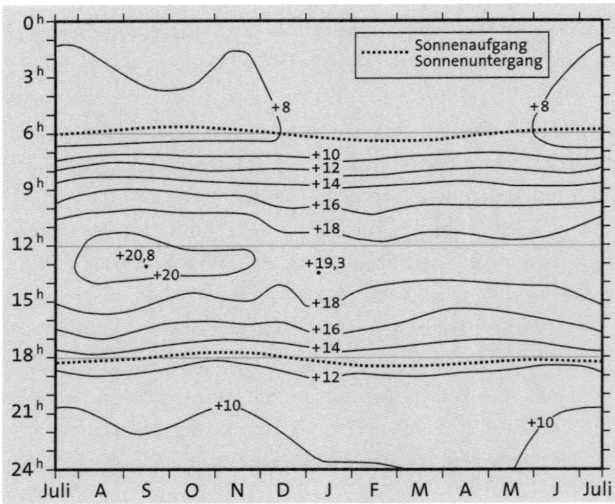

1

Valdivia (Chile, 39°48'S/73°14'W, 9 m)		
Monat	**Temperatur (°C)**	**Niederschlag (mm)**
Juli	7,8	340
August	8,1	279
September	9,3	188
Oktober	11,4	117
November	13,3	92
Dezember	15,3	38
Januar	16,9	65
Februar	16,3	64
März	14,6	97
April	11,8	161
Mai	9,6	377
Juni	8,0	377
Temperatur-Jahresmittel		11,9 °C
Niederschlagssumme		2195 mm

2 **Klimawerte der Station Valdivia**

So sollten Sie vorgehen

1. Was fordert die Aufgabe von Ihnen?

„Überprüfen“ verlangt, vorgegebene Aussagen bzw. Behauptungen an konkreten Sachverhalten auf ihre innere Stimmigkeit und Angemessenheit zu untersuchen.

Hier fordert der Operator, anhand von zwei frei gewählten Aussagen des Thermoisoplethendiagramms zu prüfen, ob das Thermoisoplethendiagramm der Station Valdivia (Chile) zugeordnet werden kann.

2. Über welche Kompetenzen sollten Sie verfügen?

Mithilfe der Fähigkeit zur Auswertung von Thermoisoplethendiagrammen und Klimatabellen lassen sich die benötigten Informationen aus den Materialien herausarbeiten. Im Unterricht haben Sie Kenntnisse erworben,

- wie man eine Klimastation im Atlas verortet;
- welche Grundaussagen sich aus einer Klimatabelle (monatliche Durchschnittstemperaturen, monatlicher Niederschlag, Verhältnis arider und humider Monate) und einem Thermoisoplethendiagramm (Tages- und Jahresgang der Temperatur, Tageslängen) gewinnen lassen.

3. Wie finden Sie eine Lösung?

Für ihre Lösung sollten Sie mithilfe ihrer Kompetenzen aus dem Thermoisoplethendiagramm Aussagen zur Tageslänge und zum Jahresgang der Temperatur zu einer bestimmten Uhrzeit treffen. Aus dem Thermoisoplethendiagramm sollten Sie auch Rückschlüsse auf Monatsmitteltemperaturen ziehen.

Dem Klimadiagramm müssen Sie Informationen zur Tageslänge (mithilfe der geographischen Lage), zu den Monatsdurchschnittstemperaturen und zu den Maximal- und Minimaltemperaturen entnehmen. Diese Ergebnisse müssen Sie in einem dritten Schritt in Beziehung setzen, um eine Entscheidung treffen zu können.

Wie könnte Ihre Lösung aussehen?

Überprüft man die zentralen Aussagen des Thermoisoplethendiagramms mit den Angaben, die man der Klimatabelle der Station Valdivia entnehmen kann, gibt es Differenzen. Dies kann an drei wesentlichen Aussagen des Thermoisoplethendiagramms überprüft werden.

1. Aussage des Thermoisoplethendiagramms zur Tageslänge

Die Station des Thermoisoplethendiagramms hat im Jahresverlauf nahezu gleiche Tageslängen, während in Valdivia aufgrund der geographischen Lage auf etwa 39°S deutliche Schwankungen der Tageslänge auftreten.

2. Aussage des Thermoisoplethendiagramms zum Jahresgang der Temperatur

Das Thermoisoplethendiagramm gibt an, dass an dieser Station der Jahresgang der Temperatur mit maximal 2K eine sehr geringe Amplitude aufweist. Da die Station Valdivia im Jahresverlauf eine Amplitude der Monatsdurchschnittstemperatur von mehr als 9K aufweist, muss davon ausgegangen werden, dass es im Jahresgang der Temperatur größere Temperaturschwankungen als 2K gibt.

3. Aussage des Thermoisoplethendiagramms zu den Monatsmitteltemperaturen

Große Differenzen gibt es auch bei den Durchschnittstemperaturen in den Wintermonaten. Aus dem Thermoisoplethendiagramm lassen sich Monatsmitteltemperaturen mit mehr als 10°C bestimmen. Die Klimatabelle gibt für die Monate Juni und Juli deutlich niedrigere Werte von 8,0 und 7,8°C an.
Damit ergibt die Überprüfung anhand von zwei Aussagen des Thermoisoplethendiagramms, dass das Thermoisoplethendiagramm nicht der Station Valdivia zugeordnet werden kann.

Übungsaufgabe

1. „Technologieparks sind der Garant für wirtschaftliche Entwicklung."

Überprüfen Sie am Beispiel Karlsruhe diese These.

„Im ‚Technologieatlas Deutschland' bescheinigt Prognos im Auftrag der ‚Wirtschaftswoche' der TechnologieRegion Karlsruhe die fünftstärkste technologische Leistungsfähigkeit unter den 97 deutschen Raumordnungsregionen. Wirtschaftsleistung und Steigerung des Bruttoinlandprodukts liegen hier seit Jahren über dem Bundesdurchschnitt. Von 1000 Erwerbstätigen arbeiten 172 in technologieintensiven Branchen – ein Spitzenwert in Europa. In kaum einer Region arbeiten so viele hoch qualifizierte Forscher, sind die Forschungseinrichtungen so stark vernetzt und liegen die Forschungsfelder der Zukunft so eng beieinander wie in der TechnologieRegion Karlsruhe. Deswegen wird sie auch ‚Badisches Silicon Valley', ‚Deutschlands Denkfabrik' oder ‚Nano-Valley am Rhein' genannt. Investoren stehen 350 ha erschlossene Industrie- und Gewerbeflächen an Unternehmensstandorten mit hervorragenden Verkehrsanbindungen zur Verfügung. IHK, Handwerkskammer, die Aktionsgemeinschaft TechnologieRegion und die Wirtschaftsförderer der Kommunen sind erste Adressen für Investoren und Existenzgründer.
Die Universität Karlsruhe und das Forschungszentrum Karlsruhe bündeln ihre Kompetenzen in Teilchenphysik, Klimaforschung, Nano- und Mikrotechnologie, Materialforschung für den Energiebereich und weiteren Bereichen im kürzlich gegründeten ‚Karlsruhe Institute of Technology'. Gerade die Nanotechnologie besitzt erhebliches Innovationspotenzial. Daneben nimmt das Forschungszentrum Karlsruhe eine international bedeutende Position ein: Es setzt die neuesten Erkenntnisse von Informatik, Ingenieurwissenschaften und Wirtschaftswissenschaften für die Wirtschaft um. Dabei arbeitet es mit kleineren und großen Unternehmen sowie öffentlichen Einrichtungen zusammen. Ebenso bieten die Universität und weitere Forschungseinrichtungen Unternehmen vielfältige Technologietransfer- und Kooperationsmöglichkeiten.

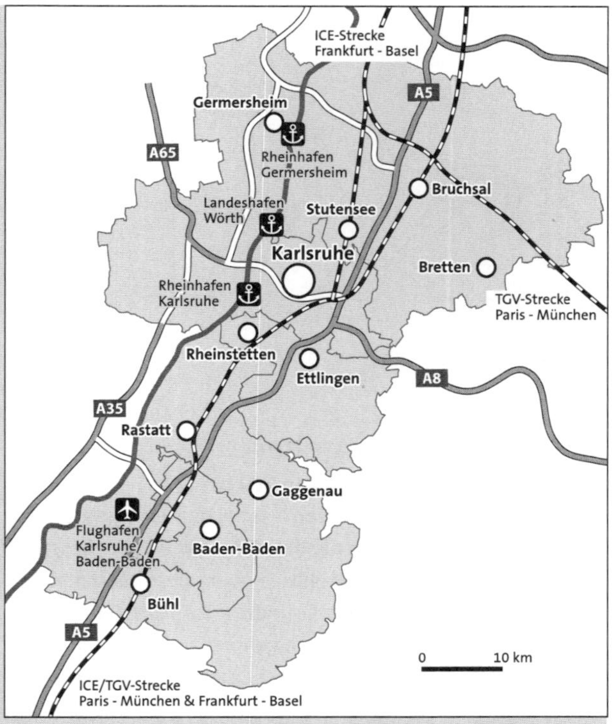

Auch in anderen Bereichen bringt die TechnologieRegion Innovatives hervor – von wiederaufladbaren Hochenergiebatterien über Fahrerassistenzsysteme bis zu neuesten Airbag-Technologien. Marktführer aus der Region sind u.a. der weltweit größte Getriebemotorenhersteller SEW-EURODRIVE in Bruchsal und der Spezialiste für Haushaltsspülen, Speiseausgabe- und Verteilsysteme BLANCO in Oberderdingen. Andere Produkte der Region wurden sogar zum Gattungsnamen, wie z.B. das Martinshorn aus Philippsburg oder ‚UHU' aus Brühl."

Niedersächsisches Kultusministerium, nach www.techpark.de

3 „TechnologieRegion Karlsruhe"

Arbeiten mit Klimadiagrammen
Operatoren „Charakterisieren" – „Erklären" – „Überprüfen"

Beispielaufgabe

1. **Charakterisieren** Sie das Klima der Station Nizza.
2. **Erklären** Sie das Klima der Station Nizza aus der planetarischen Zirkulation.
3. **Überprüfen** Sie die Eignung des Klimas von Nizza für eine ackerbauliche Nutzung.

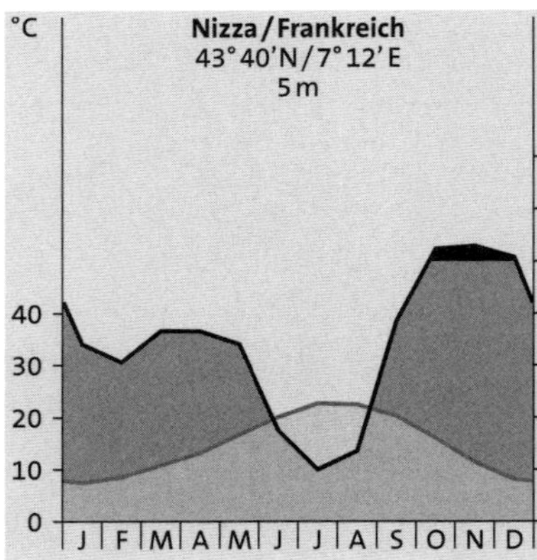

Monat	Temp. (°C)	Nied. (mm)
JAN	7,5	68
FEB	8,5	61
MRZ	10,8	73
APR	13,3	73
MAI	16,7	68
JUN	20,1	35
JUL	22,7	20
AUG	22,5	27
SEPT	20,3	77
OKT	16,0	124
NOV	11,5	129
DEZ	8,2	107
Temp.-Jahresmittel **14,8 °C**		
Niederschlagssumme **862 mm**		

1 **Nizza: Klima**

So sollten Sie vorgehen

1. Was fordern die Aufgaben von Ihnen?

Der Operator **„Charakterisieren"** verlangt hier, dass Sie zunächst wesentliche Merkmale des Klimas von Nizza beschreiben. Darüber hinausgehend gilt es aber, diese Merkmale im Hinblick auf einen typischen Grundzug zu prüfen und so die Station als zum Mittelmeerklima gehörig zu bestimmen.
„Charakterisieren" fordert also mehr als ein bloßes Beschreiben, bei dem Sie nur ausgewählte Grundinformationen zum Klima von Nizza aus dem Diagramm entnehmen müssten. Diese wären dann schlüssig sowie zusammenhängend wieder zu geben. Andererseits müssen Sie beim Operator „Charakterisieren" keinerlei Erklärungen zum Beispiel für die jahreszeitlichen Veränderungen oder sonstige Gesetzmäßigkeiten vorbringen.

Der Operator **„Erklären"** fordert bei dieser Aufgabe, dass Sie die Ursachen der besonderen Temperatur- und Niederschlagsverhältnisse der Station Nizza aufzeigen. Hierzu müssen die typischen Klimamerkmale als Ergebnis eines nach bestimmten Regelhaftigkeiten ablaufenden Klimageschehens dargestellt werden. Die Aufgabenstellung gibt Ihnen einen wichtigen Tipp, indem sie auf die planetarische Zirkulation verweist. Beim Aufzeigen der Ursachen müssen Sie also den gesamten Funktionszusammenhang ansprechen. Das heißt, die den Ursachen zugrundeliegenden Regelhaftigkeiten sind wesentlicher Inhalt der Lösung. Es ist also verlangt, dass Sie die Ursachen für das Klima von Nizza aus den Mechanismen der planetarischen Zirkulation ableiten.

„Erklären" fordert also mehr als das bloße Festhalten charakteristischer Grundzüge des Klimas. Sie brauchen andererseits aber auch nicht auf Folgewirkungen des Klimas zum Beispiel für die Vegetation oder auf seine Eignung für eine landwirtschaftliche Nutzung des norditalienischen Raumes eingehen.

Der Operator **„Überprüfen"** verlangt bei der vorliegenden Aufgabe, dass Sie charakteristische Merkmale des Klimas von Nizza im Hinblick auf Gunst- oder Ungunstfaktoren für die Landwirtschaft, speziell für den Ackerbau, untersuchen. Sie müssen also die Anforderungen der Landwirtschaft an den Naturraum mit dem konkreten Sachverhalt, also den Klimabedingungen von Nizza, vergleichen und anschließend ein Prüfungsergebnis formulieren.
Der Operator „Überprüfen" baut also auf den Ergebnissen einer Charakterisierung des Klimas von Nizza auf. Eine Erklärung des Klimas ist aber genau so wenig verlangt wie eine Erörterung. Sie müssen also zu der vorgegebenen Problemstellung (Eignung für den Ackerbau?) keine Für- und Wider-Argumente gegenüberstellen und erst daraus ein Urteil ableiten. Sie prüfen und begründen Ihr Ergebnis anhand der von Ihnen ausgewählten Klimamerkmale.

2. Wie finden Sie eine Lösung?

Alleinige Grundlage für die **Charakterisierung** ist das angebotene Material, das mithilfe der im Unterricht gewonnenen Kompetenzen auszuwerten ist. Im ersten Schritt muss das Formale geklärt werden: Diagrammform (hier Klimadiagramm nach Walter), Name und Lagemerkmale der Station. Daraufhin folgt die Identifizierung wesentlicher Merkmale des Klimas: Durchschnitte von Jahrestemperatur und Jahresniederschlag? Kurvenverlauf? Aride und humide Jahreszeiten? Kältester und wärmster Monat sowie Temperaturamplitude? Monate mit den höchsten und geringsten Niederschlägen?
Der Auswertungsbefund dient als Grundlage, um das Typische der Station Nizza zu bestimmen. Anhand der markanten Merkmale erfolgt die Einordnung in eine bestimmte Klimazone. Hierzu müssen die ermittelten Klimamerkmale mit den im Unterricht gewonnenen Kenntnissen über die klimatische Gliederung der Erde verglichen werden. Daraus ergibt sich die Bestimmung als Mittelmeerklima.

Beim Operator **Erklären** baut die Lösung auf den Ergebnissen auf, die beim Charakterisieren des Klimas von Nizza formuliert wurden. Die gefundenen typischen Merkmale und Grundzüge des Klimas müssen nun auf ihre wesentlichen Ursachen – also auf die Nordverlagerung der ITC im Sommer und die Südverlagerung der Westwindzone im Winter – zurückgeführt werden. Sie sind im Zusammenhang mit der planetarischen Zirkulation darzustellen. Das heißt, hier muss auf die im Unterricht gewonnenen Erkenntnisse über atmosphärische Prozesse, über die Wirkung der Sonneneinstrahlung, über Windsysteme und deren jahreszeitliche Verlagerung zurückgegriffen werden. Das geht weit über die bloße Materialauswertung hinaus.

Für das **Überprüfen** im Hinblick auf die Eignung des Klimas für den Ackerbau ist es erforderlich, dass Sie sich zunächst überlegen, von welchen klimatischen Einflüssen Landwirtschaft, insbesondere der Ackerbau, in erster Linie abhängt. Die Liste Ihrer so gefundenen Prüfungskriterien könnte wie folgt aussehen:
- Höhe und Verteilung der Niederschläge?
- durchschnittliche Sommer- und Wintertemperaturen?
- Länge der Vegetationsperiode?
- Gefahr von Frösten?

Mithilfe dieses Rasters messen Sie nun den konkreten Sachverhalt, also die klimatische Situation von Nizza und begründen damit Ihr persönliches Prüfungsergebnis.

Wie könnte Ihre Lösung aussehen? – Übersicht über ausgewählte Aspekte

Aufgabe	Lösung
Charakterisieren Sie das Klima der Station Nizza.	Ausgehend von einer Beschreibung typischer Merkmale des Klimas: – Trocken-heiße Sommer und regenreiche milde Winter – Mittelmeerklima bzw. subtropische Winterregenklima
Erklären Sie das Klima der Station Nizza aus der planetarischen Zirkulation.	– im Sommer Verlagerung der Luftdruckgürtel mit dem Zenitstand der Sonne nach Norden – dadurch Mittelmeerküste im Einflussbereich trocken-heißer Luftmassen des Subtropenhochs – deshalb sommerliche Trockenheit mit drei ariden Monaten bei hohen Temperaturen – im Winter Verlagerung der Luftdruckgürtel mit dem Zenitstand der Sonne nach Süden – dadurch Mittelmeerküste im Einflussbereich der außertropischen Westwindzone mit eingelagerten Zyklonen – deshalb Winterregen bei milden bis kühlen Temperaturen – insgesamt mediterraner Temperaturgang
Überprüfen Sie die Eignung des Klimas von Nizza für eine ackerbauliche Nutzung.	Klimatische Gunstfaktoren für eine ackerbauliche Nutzung: – ausreichende Niederschläge mit 9 humiden Monaten; also Möglichkeit von Regenfeldbau von Herbst bis Frühjahr – hohe Jahresdurchschnittstemperatur mit langer Vegetationsperiode Klimatische Ungunstfaktoren für eine ackerbauliche Nutzung: – dreimonatige Aridität im Sommerhalbjahr, in dieser Zeit Ackerbau nur mit Bewässerung möglich – an der nördlichen Mittelmeerküste in den Wintermonaten Gefahr von Frosteinbrüchen an einzelnen Tagen (auch wenn die Monatsmittel der Temperatur stets über 0°C liegen) Je nach Gewichtung der angeführten Faktoren können Sie zu unterschiedlichen, differenzierten Ergebnissen kommen.

2

Arbeiten mit thematischen Karten
Operatoren „Darstellen“ – „Analysieren“ – „Beurteilen“

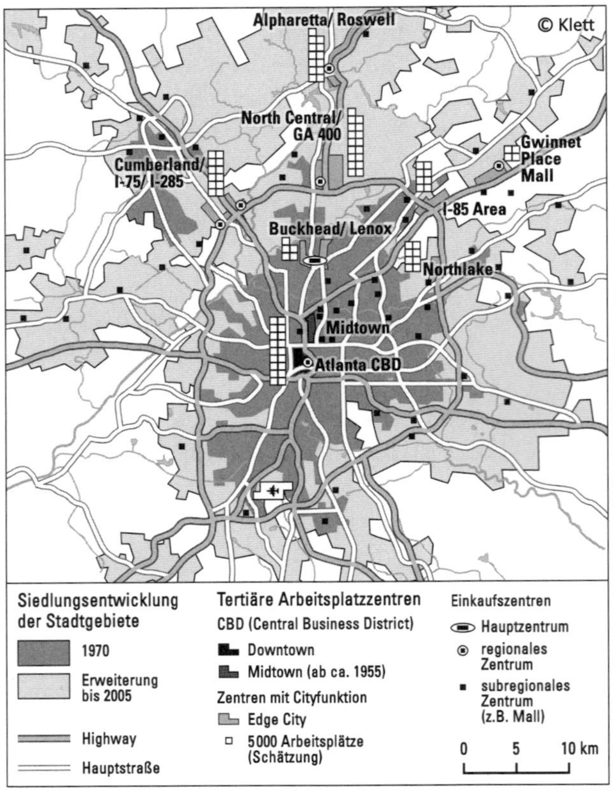

1

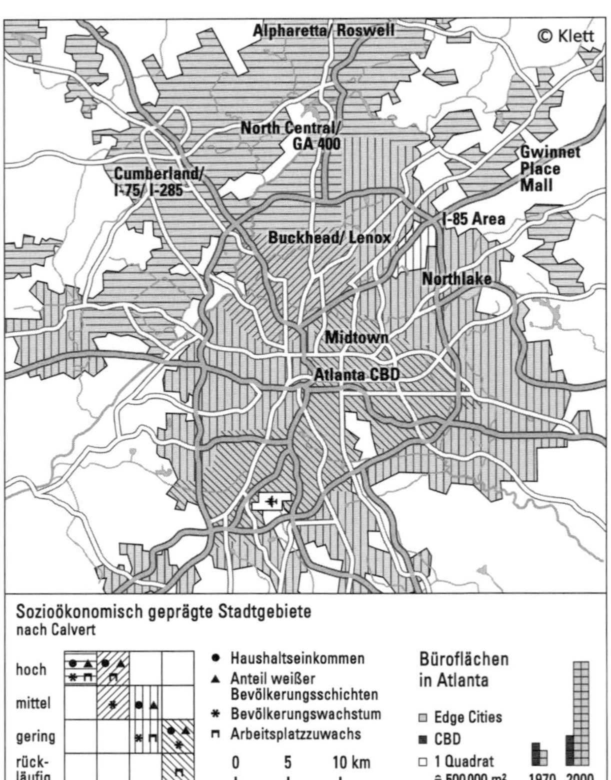

2

Beispielaufgaben

1. **Stellen** Sie den Aufbau und die Entwicklung der Stadt Atlanta (M1) **dar**.
2. **Analysieren** Sie den Aufbau und die Entwicklung der Stadt Atlanta als Beispiel für gegenwärtige Strukturen und Veränderungen in nordamerikanischen Stadtlandschaften.
3. **Beurteilen** Sie die Aussagekraft der thematischen Karte vom Großraum Atlanta, um gegenwärtige Strukturen und Veränderungen in nordamerikanischen Stadtlandschaften nachzuweisen.

So sollten Sie vorgehen

1. Was fordern die Aufgaben von Ihnen?

Der Operator **„Darstellen“** verlangt hier von Ihnen, aus der Karte wesentliche Informationen zum Aufbau und zur Entwicklung der Stadt Atlanta aus der Karte zu entnehmen und zu verdeutlichen. Die Aufgabe fordert also mehr als ein bloßes Nennen von in der Legende enthaltenen Begriffen, sondern diese Informationen müssen als typisch erkannt und verortet werden. Es geht aber nicht um ein Herstellen von Beziehungen zwischen den Merkmalen oder um einen Vergleich mit dem Modell nordamerikanischer Stadtlandschaften.

Der Operator **„Analysieren“** fordert bei dieser Aufgabe von Ihnen eine gezielte und systematische Auswertung der Karte. Die Informationen müssen in Beziehung gesetzt werden, dabei enthält die Aufgabenstellung für Sie eine wichtige Hilfe: Sie sollen den Bezug zum Modell nordamerikanischer Stadtlandschaften herstellen. Als Grundlage dafür sollten Sie die Grundstrukturen zunächst erfassen. Möglich wäre hier auch eine vereinfachte Skizzierung. Dabei geht es nicht um ein Erfassen aller Details, sondern um die gezielte Auswahl der Daten, die für die Analyse wichtig sind. Sie müssen dabei die speziellen Merkmale und Besonderheiten von Atlanta erfassen, Sie müssen sie aber nicht erklären bzw. begründen.

Der Operator **„Beurteilen“** verlangt bei dieser Aufgabe, dass Sie die Aussagen der Karte hinsichtlich ihrer Eignung als Beispiel für die Entwicklung nordamerikanischer Stadtlandschaften prüfen. Die Kriterien dafür, also Strukturen und Veränderungen in nordamerikanischen Stadtlandschaften müssen Ihnen dazu bekannt sein. Sie müssen wie bei den Operatoren „Darstellen“ und „Analysieren“ den Aufbau und die Entwicklung Atlantas in ihren Grundzügen erfassen. Auf dieser Grundlage können Sie dann Ihre Informationen abgleichen, um die Aussagekraft der Karte zu beurteilen. Sie sollten erkennen, welche Informationen für eine abgerundete und vollständige Betrachtung abgeleitet werden können und welche nicht zur Verfügung stehen.

2. Wie finden Sie eine Lösung?

Für das „Darstellen" ist die thematische Karte alleinige Grundlage. Zunächst sollten Sie Formalien klären: Wo liegt die Stadt Atlanta, welche Informationen enthält die Karte, wie sind sie zeitlich einzuordnen? Dazu ist ein genaues Lesen der umfangreichen Legende wichtig. Sie müssen die Siedlungsentwicklung von 1970 bis 2005, gekoppelt an die sozioökonomische Grobgliederung, erfassen, dazu die Lage der CBD, von Down- und Midtown sowie der Edge Cities, dort vorhandene Arbeitsplätze und Büroflächen sowie die Verkehrsinfrastruktur untersuchen. In einem zweiten Schritt sollten Sie ausgehend von den Merkmalen und der Entwicklung der CBD die alten Siedlungsflächen in ihrer sozioökonomischen Struktur beschreiben. Anschließend müssen Sie die Erweiterung der Siedlungsflächen, gekoppelt an die Verkehrsinfrastruktur und die Edge Cities darstellen. Auch hier sollten Sie die sozioökonomische Differenzierung erfassen.

Für das gezielte „Analysieren" müssen Sie zunächst wie beim Operator „Darstellen" angesprochen die wesentlichen Aussagen der Karte erfassen. Als Grundlage Ihrer weiteren Arbeit sollten Sie dabei die Kenntnisse zum Aufbau und zur Entwicklung nordamerikanischer Stadtlandschaften nutzen, da Sie diese im nächsten Schritt mit den Karteninformationen verknüpfen müssen. Dazu ist es notwendig, dass Sie jetzt auch die für einen Stadtbereich typischen Merkmale, die Sie schon herausgearbeitet haben, sinnvoll zueinander in Beziehung setzen. So sollten Sie beispielsweise die besondere Bedeutung der Edge City North Central analysieren: mit 8 500 Arbeitsplätzen hat dieses regionale Zentrum fast genau so viele Arbeitsplätze wie die CBD; es liegt am Abzweig des Highways nach Norden vom Stadtring, die Bausubstanz der Umgebung entstand meist mit den Erweiterungen nach 1970 und es handelt sich um ein Gebiet hoher sozioökonomischer Bedeutung mit weiteren Arbeitsplatz- und Bevölkerungswachstum, mit hohem Haushaltseinkommen und mit vorwiegend weißen Bevölkerungsschichten. In ähnlicher Weise können Sie die rückläufige sozioökonomische Prägung alter Siedlungsflächen südöstlich der CBD, aber auch die Entwicklung von Down- und Midtown herausarbeiten. In Ihrer Analyse sollten Sie Beziehungen ableiten, die typischen Prozesse wie die Segregation, Dezentralisierung und Suburbanisierung können Sie damit nachweisen.

Um die Aussagekraft der Karte zu „beurteilen", müssen Sie zunächst die Lösungsschritte nachvollziehen, die beim Operator „Analysieren" notwendig waren. Eine kritische Betrachtung der Ergebnisse zeigt, dass nur ein unvollständiges Bild der Stadt Atlanta entsteht und der Abgleich mit den allgemein typischen Merkmalen und Prozessen zum Teil spekulativ ist bzw. eines speziellen Wissens um die Besonderheiten Atlantas bedarf. Diese Erkenntnisse müssen dann für die kritische Beurteilung der Aussagekraft der Karte genutzt werden: Es sind weiterführende Materialien notwendig, um die gegenwärtigen Strukturen und Prozesse in nordamerikanischen Stadtlandschaften am Beispiel Atlantas nachzuweisen.

Wie könnte Ihre Lösung aussehen? – Übersicht über ausgewählte Aspekte

Aufgabe	Lösung (ausgewählte Aspekte)
Stellen Sie den Aufbau und die Entwicklung der Stadt Atlanta **dar.**	– CBD (Stadtmitte mit Downtown, Midtown) mit 9000 Arbeitsplätzen, von 1,5 auf 2 Mio. m² gewachsene Bürofläche; regionales Zentrum; begrenzt durch inneren Stadtring – südlich / östlich davon Übergangsbereich: vorwiegend vor 1970 entstandene Siedlungsflächen, mit geringer bzw. rückläufiger sozioökonomischer Bedeutung, nur vereinzelt subregionale Zentren – alte Siedlungsflächen beschränkten sich auf den Bereich um die CBD innerhalb des Beltway (Highwayring), innerhalb von 35 Jahren ist die Siedlungsfläche auf das 2½-fache gewachsen

Analysieren Sie den Aufbau und die Entwicklung der Stadt Atlanta als Beispiel für gegenwärtige Strukturen und Veränderungen in nordamerikanischen Stadtlandschaften.	– [Merkmale wie beim Operator Darstellen veranschaulicht]
	– nachweisbare typische Merkmale:
	  – zonale Gliederung: CBD, citynahe Bereiche, suburbane Zone
	  – Wachstum und Bedeutungsgewinn des Umlandes; hohe sozioökomische Prägung insbesondere der neu gewachsenen Siedlungsflächen im Norden, Nordwesten und Nordosten
	  – Dezentralisierung – Wachstum und Bedeutungsgewinn der Edge Cities (Arbeitsplätze, Büroflächen) gegenüber CBD
	  – Segregation: z. B. Anteil weißer Bevölkerungsgruppen, Haushaltseinkommen in citynahen Bereichen südlich der CBD niedrig

Beurteilen Sie die Aussagekraft der thematischen Karte vom Großraum Atlanta, um gegenwärtige Strukturen und Veränderungen in nordamerikanischen Stadtlandschaften nachzuweisen.	– gegenwärtige Strukturen / Merkmale wie beim Operator „Analysieren" z.T. herausgearbeitet – nicht nachweisbare Merkmale: Entwicklungen im citynahen Bereich (Gentrifikation, Cityhilfsfunktionen, Gated Communities, Lage und Entwicklung von Industrieparks), Wanderung/ Invasion bestimmter zuwandernder Bevölkerungsgruppen – für abgerundete Gesamtbetrachtung fehlen weiterführende Quellen

2

Arbeiten mit Tabelle und Diagramm
Operatoren „Beschreiben“ – „Erklären“ – „Erörtern“

Beispielaufgabe

Innerhalb der EU erzielt die französische Landwirtschaft den mit Abstand größten Produktionswert.

1. **Beschreiben** Sie wesentliche Strukturveränderungen in der Landwirtschaft Frankreichs zwischen 1955 und 2005.
2. **Erklären** Sie die Ursachen, die zum Strukturwandel geführt haben.
3. **Erörtern** Sie Auswirkungen des in M1 und M2 erkennbaren Strukturwandels in der französischen Landwirtschaft.

			1955	2000	2005
Landwirtschaft insgesamt	Zahl der Betriebe		2 307 000	663 742	545 347
	Zahl der Erwerbstätigen		6 158 000	950 779	835 976
	Betriebsgrößenanteile	unter 20 ha	79 %	48 %	43 %
		über 10 ha	1 %	12 %	16 %
	Anteil Landwirtschaft am BIP		27 %	3 %	2%
	Weizenertrag		2,2 t/ha	7,1 t/ha	7,0 t/ha
	Raps (Gesamtproduktion)		1 800 kt (1995)+	3 477 kt	4 533 kt
Ökologische	Zahl der Betriebe		k. A.	9 002	11 402

*Raps erst seit 1995 als Bio-Treibstoff statistisch erfasst

1 Strukturdaten der französischen Landwirtschaft

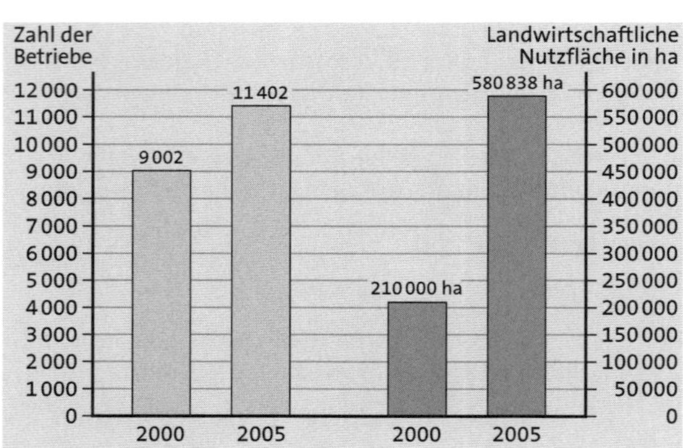

2 Ökologische Landwirtschaft

So sollten Sie vorgehen

1. Was fordern die Aufgaben von Ihnen?

Der Operator **„Beschreiben“** verlangt eine intensive Auseinandersetzung mit dem in der Tabelle und im Diagramm dargestellten Zahlenmaterial. Dabei ist sowohl die Art der Zahl (absolut oder relativ) zu beachten als auch eine mögliche zeitliche Rangfolge. In der vorliegenden Tabelle ist die Entwicklung der französischen Landwirtschaft von 1955 bis 2005 anhand ausgewählter Strukturmerkmale dargestellt. Die Aufgabe erfordert also neben dem Beschreiben von Höchst- und Tiefstwerten auch die Ermittlung von Differenzen oder Extremwerten. Im Säulendiagramm lassen sich die Entwicklungen innerhalb der ökologischen Landwirtschaft von 2000 bis 2005 für zwei ausgewählte Kennziffern beschreiben. Die Aufgabe verlangt noch nicht, die Merkmale im Hinblick auf mögliche Ursachen für den Strukturwandel zu prüfen oder allgemeingültige Aussagen herauszuarbeiten.

Beim Operator **„Erklären“** müssen die Merkmale des Strukturwandels und deren Ursachen herausgearbeitet werden. Es sind die Zusammenhänge und Abhängigkeiten, die zwischen den einzelnen Merkmalen bestehen, zu erklären. Der Operator fordert also mehr, als die Ursachen des Strukturwandels nur darzustellen. Auf der anderen Seite ist es hier nicht notwendig, die getroffenen Aussagen mit eigenen Beispielen zu belegen und darüber hinausgehende Beziehungen herzustellen.

Der Operator **„Erörtern“** setzt umfassende Kenntnisse zum Sachverhalt des Strukturwandels in der französischen Landwirtschaft voraus, um begründet ein Urteil fällen zu können. In einem ersten Schritt sind Argumente zu sammeln. In einem zweiten Schritt sind diese gegeneinander abzuwägen und begründet zu bewerten. Dazu sollte eine persönliche Stellungnahme erfolgen, in der die eigenen Wertmaßstäbe im Bezug zu den Auswirkungen des Strukturwandels hinsichtlich seiner ökonomischen, ökologischen und sozialen Verträglichkeit sichtbar werden. Somit geht die Aufgabe über ein einfaches Beurteilen der Auswirkungen des Strukturwandels der französischen Landwirtschaft hinaus.

2. Wie finden Sie eine Lösung?

Für die Beschreibung stehen ausschließlich die Tabelle und das Säulendiagramm zur Verfügung. In einem ersten Schritt wird geklärt, dass es sich bei der Zahl der Betriebe, der Erwerbstätigen und der Rapserzeugung um absolute Werte handelt, wie auch bei den Merkmalen der ökologischen Landwirtschaft. Die Betriebsgrößen und die Anteile der Landwirtschaft am BIP sind in Prozentwerten dargestellt. Der Weizenertrag wird durch eine Verhältniszahl abgebildet. Durch die Ermittlung der Differenzen zwischen den Jahren 1955 und 2005 können die Entwicklungen beschrieben werden. Dabei sind extreme Veränderungen deutlich herauszustellen, wie beispielsweise der Rückgang der Beschäftigtenzahlen oder der Bedeutungsverlust der Landwirtschaft (gemessen am Anteil am Bruttoinlandsprodukt).

Nachdem die Veränderungen ausgewählter Merkmale der Landwirtschaft beschrieben wurden, werden nun die Ursachen, die zu diesen Veränderungen geführt haben, herausgearbeitet und erklärt. So ist der Rückgang der Anzahl der Betriebe mit der gleichzeitigen Erhöhung der Anzahl von Großbetrieben in Zusammenhang zu stellen. Gleichzeitig sind die Ursachen, die zur Veränderung der Landwirtschaft geführt haben, mit den Zahlen zu belegen. Betrachtet werden können zum Beispiel die Mechanisierung, die Produktivität und das Umweltbewusstsein.

Bei der Erörterung der Auswirkungen des Strukturwandels in der französischen Landwirtschaft werden die Daten gewichtet und hinsichtlich ihrer ökonomischen, ökologischen und sozialen Relevanz dargestellt. Dabei sind die Pro- und Contra-Argumente gegenüberzustellen. So ist beispielsweise die Zunahme der Betriebe mit einer Fläche über 100 ha aus ökonomischer Sicht positiv zu bewerten, da damit ein effektiverer Maschineneinsatz möglich wird. Ebenso positiv ist die Verdopplung der landwirtschaftlichen Nutzfläche im ökologischen Landbau von 2000 bis 2005 zu bewerten. Im Gegenzug dazu ist der extreme Rückgang der in der Landwirtschaft Beschäftigten zu betrachten. Verbunden damit ist eine hohe Arbeitslosigkeit auf dem Land und die Abwanderung von jungen Leuten in die Stadt.

Wie könnte Ihre Lösung aussehen? – Übersicht über ausgewählte Aspekte

Aufgabe	Lösung
Beschreiben Sie wesentliche Strukturveränderungen in der Landwirtschaft Frankreichs zwischen 1955 und 2005.	– Abnahme der Zahl der landwirtschaftlichen Betriebe auf ein Viertel bei gleichzeitiger Zunahme der Betriebsgrößen – Abnahme der Zahl der Erwerbstätigen auf etwa ein Siebtel – deutliche Abnahme der gesamtwirtschaftlichen Bedeutung der Landwirtschaft mit einem Rückgang um 25 Prozentpunkte – mehr als Verdreifachung der Flächenproduktivität bei Weizen – Steigerung der Rapsproduktion um das Zweieinhalbfache – Zunahme der Zahl der Ökobetriebe um mehr als 20 % und der ökologisch genutzten Flächen um mehr als das Zweieinhalbfache, deutliche Erhöhung der Betriebsgrößen
Erklären Sie die Ursachen, die zum Strukturwandel geführt haben.	– Mechanisierung führt zu Zunahme der Produktion durch Zunahme der Flächen- und Arbeitsproduktivität – Fortschritte im Bereich der Pflanzen- und Tierzüchtung führen zu Produktionssteigerungen und einem Absinken der Nahrungsmittelpreise – höheres Ausbildungsniveau – Rationalisierung der Produktion durch Spezialisierung
Erörtern Sie Auswirkungen des in M1 und M2 erkennbaren Strukturwandels in der französischen Landwirtschaft.	ökologisch – Stärkung des ökologischen Landbaus und der damit verbundenen umweltfreundlichen Produktion agrarischer Güter – Verbesserung der CO_2-Bilanz bei der Nutzung von Raps als Energierohstoff – Auslaugung des Bodens durch verstärkten Anbau von Monokulturen ökonomisch – effektivere Produktion durch Mechanisierung, Spezialisierung und ertragssteigernde Maßnahmen – Verknappung von landwirtschaftlichen Nutzflächen zur Nahrungsmittelproduktion durch Steigerung des Anbaus von Raps und damit Gefahr der Erhöhung von Lebensmittelpreisen – Rückgang der Bedeutung der Landwirtschaft (sichtbar am Anteil der Volkswirtschaft des Landes) sozial – Rückgang von Arbeitsplätzen in der Landwirtschaft – Attraktivitätsverlust des ländlichen Raumes – Stärkung des Umweltbewusstseins durch den Ausbau der ökologischen Landwirtschaft

3

Beispielklausur

Schüler der Jahrgangsstufe 13 haben die Bespielklausur zum Verstädterungsprozess in Entwicklungsländern, speziell in Tansania, bearbeitet. Im Folgenden finden Sie

- die Aufgabenstellung mit Materialien,
- das Beispiel einer Schülerlösung,
- die Lösungshinweise zu dieser Klausur.

Es handelt sich bei der Schülerlösung um reale Texte aus der Schulpraxis. Sie bieten Ihnen die Gelegenheit, mal selbst Korrekturanmerkungen anzubringen, über Verbesserungen in der Antwort und in der Darstellung nachzudenken und eine Bewertung abzugeben. In der Internet-Begleitung zu diesem Heft finden Sie die entsprechenden Lehrerkommentare.

Zur Arbeit mit der Beispielklausur bietet sich folgendes Vorgehen an:

1. Erarbeiten Sie zunächst für die Aufgaben 1 und 3 Ihre eigene Lösung.
2. Vergleichen Sie diese dann mit der vorgestellten Schülerlösung.
3. Tragen Sie in die rechte Spalte neben der Schülerlösung Ihre Kommentare ein.
4. Vergleichen Sie Ihre Lösung und Ihre Kommentare mit den Lösungshinweisen (S. 48) und den Lehrerkommentaren im Internet.

Die Vereinigte Republik Tansania gilt als eines der ärmsten Länder der Erde. Im Folgenden sollen Probleme des Verstädterungsprozesses in diesem Land untersucht und ein Lösungsansatz diskutiert werden.

1. **Charakterisieren** Sie die in den Abbildungen 1 und 2 dargestellte Situation.
2. In Daressalam leben etwa 70 Prozent der Einwohner in Marginalsiedlungen. Wie in vielen Großstädten der Entwicklungsländer sind somit auch hier Prozesse der Marginalisierung und die damit verbundene Zunahme des informellen Sektors zu beobachten.
   Erstellen Sie ein Wirkungsgefüge zu den räumlichen, wirtschaftlichen und sozialen Problemen des städtischen Marginalisierungsprozesses in Entwicklungsländern.
3. Im Jahre 1974 wurde die Kleinstadt Dodoma (damals 20 000 Einwohner) anstelle von Daressalam zur Hauptstadt des Staates Tansania erklärt. Seitdem sind einige Ministerien und 1996 auch die Nationalversammlung dorthin umgezogen.
   Erörtern Sie diese Verlegung der Hauptstadt.

Einwohnerzahl in Mio.	35,9
Verstädterungsgrad in %	35,4

1 Daten zur Bevölkerung in Tansania (2002)

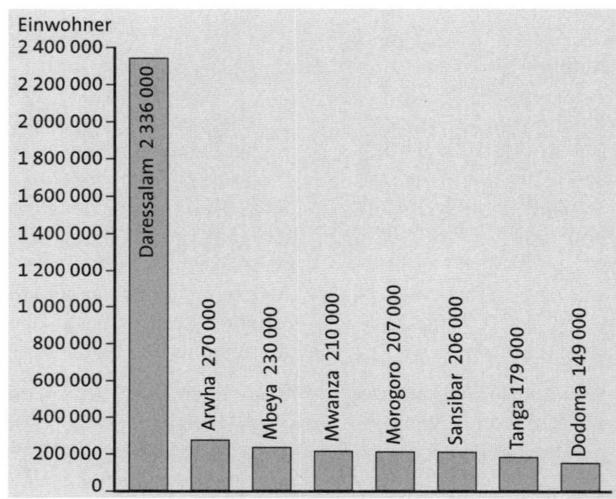

2 Einwohnerzahlen der größten Städte Tansanias (Zensus 2002)

Schülerlösung

1. **Charakterisieren** Sie die in den Abbildungen 1 und 2 dargestellte Situation.

„In Tansania leben insgesamt 35,9 Mio. Menschen, wobei über 1/3 der Gesamtbevölkerung (34,4%) in den Städten lebt, d. h. ca. 12,7 Mio. Menschen leben in Tansania in Städten. Dabei ist zu bemerken, dass die 12,7 Mio. Einwohner keinesfalls gleichmäßig auf die Städte verteilt sind, sondern dass vielmehr 2,3 Mio. Menschen in der früheren Hauptstadt Daressalam leben und die nächst größeren Städte (Arusha, Mbega, Mwanza, Morogoro, Sansibar, Tanga und Dodoma) nur noch ungefähr 1/10-mal so groß sind wie Daressalam, also im Durchschnitt nur noch über ca. 200 00 Einwohner verfügen.
Zusammenfassend lässt sich sagen, dass es sich bei Daressalam um eine primate city handelt, da ungefähr 6,5 % der Gesamtbevölkerung in Daressalam leben und da der Unterschied zwischen größter Stadt (Daressalam) und zweitgrößer Stadt (Arusha) enorm ist, d. h. Tansania besitzt einen hohen Verstädterungsgrad."

3. **Erörtern** Sie diese Verlegung der Hauptstadt.

„1974 wurde Dodoma neue Hauptstadt von Tansania und obwohl sie seit 1974 von rund 20 000 Einw. auf heute (2002) über 100 000 Einw. angewachsen ist, ist sie 2002 erst 8.größte Stadt in Tansania.
Die Verlegung der Hauptstadt sollte v. a. Daressalam entlasten und das dortige Hyperwachstum dämmen, womit die Stadt völlig überbelastet war und noch ist.
Durch die Verlegung der Hauptstadt wollte man die Konzentration der Einwohner und Zuwanderer von Daressalam stoppen. Daressalam sollte nicht mehr einziger Mittelpunkt von Kultur, Verwaltung und Wirtschaft sein. Es konnten seit 1974 ja auch schon einige Erfolge verzeichnet werden. So zog auch 1996 die Nationalversammlung und einige Ministerien nach Dodoma. Dodoma gewinnt somit an Bedeutung und wird auch für die Menschen, die vom Land in die Stadt ziehen wollen, attraktiver. Ein größeres Angebot an Arbeitskräften und zudem noch ausreichende Flächenverfügbarkeit können dazu führen, dass neue Unternehmen ihren Standort nach Dodoma verlegen. Um dies zu unterstützen, kann es zu einer Verbesserung der Infrastruktur kommen. Verkehrswege werden ausgebessert und erneuert, Kanalisation gebaut und auch die Stromversorgung (für Industrie wichtig) muss gesichert werden. Ein steigendes Angebot an Schul- und Ausbildungsmöglichkeiten, da die Industrie ja ausgebildete Arbeitskräfte benötigt, trägt dazu bei, dass Dodomas Bedeutung für Wirtschaft und dessen Attraktivität steigt. Die Aussicht auf Schulbildung und Arbeit zieht wiederum Menschen an und die bisherige Polarisierung auf Daressalam würde geschwächt. Hinzu kommt, dass Dodom auch für die weichen Standortfaktoren, d. h. Lebensqualität, Kultur, Freizeit ... etc. sorgen muss.
Im Ideal entsteht nun ein Kreislauf: Arbeitskräfte zieht Industrie an (verschiedene Wirtschaftszweige im sekundären und tertiären Bereich), was wiederum weitere Menschen anlockt usw.

Kommentare – Anmerkungen – Bewertung

Alles in allem betrachtet erkennt man meiner Meinung nach jedoch recht gut, dass sich all diese Pläne nur schwer in die Realität umsetzen lassen. Daressalam ist nach wie vor eine primate city, da Dodoma vermutlich auch das nötige Geld fehlt, um überhaupt eine ordentliche Grundlage für Wirtschaft und Einwohner zu schaffen (Entwicklungsland, eines der ärmsten der Welt). Aus dieser Sicht betrachtet ist es allerdings enorm, dass Dodoma innerhalb von 28 Jahren auf das 5-fache seiner ursprünglichen Größe angewachsen ist und auch sonstige wichtige Einrichtungen und Firmenhauptsitze bereits dorthin gezogen sind, was eine gute Grundlage bildet. Hieraus erkennt man, dass der Prozess der ‚Entpolarisierung' sehr mühsam und v.a. sehr langwierig ist, doch trotz allem notwendig, um das starke Bevölkerungsgefälle der Städte zu reduzieren, eine Überbelastung zu vermeiden und um den natürlichen Standortfaktoren entgegen zu wirken. Daressalam liegt am Meer und Dodoma weiter westlich im Gebirge, da Tansania zum größten Teil gebirgig ist."

Kommentare – Anmerkungen – Bewertung

Lösungshinweise

1. **Charakterisieren** Sie die in den Abbildungen 1 und 2 dargestellte Situation.

Die kleine Tabelle und das Säulendiagramm enthalten Angaben zur Bevölkerungs- und Siedlungsentwicklung in Tansania. Aus den Daten geht hervor, dass das Land mit einem Anteil der urbanen Bevölkerung an der Gesamteinwohnerzahl von 35,4 Prozent erst einen geringen Verstädterungsgrad aufweist. Unter den Städten fällt die Dominanz der Millionenstadt Daressalam ins Auge.

Kennzeichen der Verstädterung Tansanias ist also die Metropolisierung, die Ballung großer Bevölkerungsteile in einer Primate City. Die Dominanz der Metropole Daressalam ist zum einen ablesbar an deren hohem prozentualen Anteil an der gesamten Landesbevölkerung. Diese „demografische primacy" beträgt 6,5 Prozent. Der „Index of primacy", der als Quotient aus der Einwohnerzahl der größten und der zweitgrößten Stadt eines Landes berechnet wird und eine weitere Messgröße für die Metropolisierung darstellt, liegt in Tansania bei dem Wert 8,65.

2. **Erstellen** Sie ein Wirkungsgefüge zu den räumlichen, wirtschaftlichen und sozialen Problemen des städtischen Marginalisierungsprozesses in Entwicklungsländern.

Siehe hierzu das Lösungsbeispiel beim Operator „Erstellen" (S. 28).

3. **Erörtern** Sie diese Verlegung der Hauptstadt.

Der Operator „Erörtern" verlangt, dass zu der vorgegebenen Problemstellung – Motive und Folgen der Hauptstadtverlegung – zunächst Für- und Wider-Argumente gegenübergestellt werden. Dabei können folgende Vor- und Nachteile bzw. erwartete positive wie negative Auswirkungen der vollzogenen Hauptstadtverlegung angesprochen werden:

mögliche Vorteile bzw. erwartete positive Folgen	**mögliche Nachteile bzw. erwartete negative Folgen**
– Abwendung von der kolonial geprägten Küstendominanz – Entwicklungsimpuls für wirtschaftschwaches Hinterland durch Investitionen und Schaffung von Arbeitsplätzen in der neuen Hauptstadt – Ausbau der Infrastruktur in einem bisher schwach entwickelten Raum – dadurch Reduzierung der Abwanderung aus dem ländlichen Raum – Abschwächung der Metropolisierungstendenz und Verringerung der damit verbundenen Probleme	– Wegen Küstenferne Standortnachteil durch hohe Transport- und Beförderungskosten – hohe Kosten für Ausbau der neuen Hauptstadt und der (Verkehrs-)Infrastruktur – Dualismus zwischen wirtschaftlicher Metropole (Daressalam) und Hauptstadt (Dodoma) – Beeinträchtigung des Erfolgs dieser Maßnahme wegen Persistenz der Verwaltung (Verlagerung bereits 1974, bis heute aber Fortschreiten des Metropolisierungsprozesses)

Die gesammelten Aspekte sind zu gewichten und zu bewerten. In einem schlüssigen Argumentationsgang soll daraus ein begründetes eigenständiges Urteil entwickelt werden.